中国社会科学院创新工程学术出版资助项目

理解中国丛书
Understanding China Series

中国的环境治理与生态建设

China's Environmental Governing
and Ecological Civilization

By Pan Jiahua

潘家华 著

中国社会科学出版社
CHINA SOCIAL SCIENCES PRESS

图书在版编目（CIP）数据

中国的环境治理与生态建设／潘家华著．—北京：
中国社会科学出版社，2015.5（2016.8 重印）
（理解中国丛书）
ISBN 978 - 7 - 5161 - 5980 - 4

Ⅰ.①中⋯　Ⅱ.①潘⋯　Ⅲ.①生态环境建设—
研究—中国　Ⅳ.①X321.2

中国版本图书馆 CIP 数据核字（2015）第 081323 号

出 版 人	赵剑英
责任编辑	王　茵
特邀编辑	喻　苗
责任校对	李　莉
责任印制	王　超

出　　版	中国社会科学出版社
社　　址	北京鼓楼西大街甲 158 号
邮　　编	100720
网　　址	http://www.csspw.cn
发 行 部	010 - 84083685
门 市 部	010 - 84029450
经　　销	新华书店及其他书店

印刷装订	北京君升印刷有限公司
版　　次	2015 年 5 月第 1 版
印　　次	2016 年 8 月第 2 次印刷

开　　本	710×1000　1/16
印　　张	16.5
插　　页	2
字　　数	222 千字
定　　价	49.00 元

凡购买中国社会科学出版社图书，如有质量问题请与本社营销中心社联系调换
电话：010 - 84083683

《理解中国》丛书编委会

出版前言

　　自鸦片战争之始的近代中国，遭受落后挨打欺凌的命运使大多数中国人形成了这样一种文化心理：技不如人，制度不如人，文化不如人。改变"西强我弱"和重振中华雄风需要从文化批判和文化革新开始。于是，中国人"睁眼看世界"，学习日本、学习欧美以至学习苏俄。我们一直处于迫切改变落后挨打、积贫积弱、急于赶超这些西方列强的紧张与焦虑之中。可以说，在一百多年来强国梦、复兴梦的追寻中，我们注重的是了解他人、学习他人，而很少甚至没有去让人家了解自身，理解自身。这种情形事实上到了 1978 年中国改革开放后的现代化历史进程中亦无明显变化。20 世纪 80、90 年代大量西方著作的译介就是很好的例证。这就是近代以来中国人对"中国与世界"关系的认识历史。

　　但与此并行的一面，就是近代以来中国人在强国梦、中华复兴梦的追求中，通过"物质（技术）批判"、"制度批判"、"文化批判"一直苦苦寻求着挽救亡国灭种、实现富国强民之"道"，这个"道"当然首先是一种思想，是旗帜，是灵魂。关键是什么样的思想、什么样的旗帜、什么样的灵魂可以救国、富国、强民。百多年来，中国人民在屈辱、失败、焦虑中不断探索、反复尝试，历经"中学为体，西学为用"、君主立宪实践的失败，西方资本主义政治道路的破产，以及 20 世纪 90 年代初世界社会主义的重大挫折，终于走出了中国革命胜利、民族独立解放之路，特别是将科学社会主义理论逻辑与中国社会发展历史逻辑结合在一起，走出了一条中国社会主义现代化之路——中国特色社会主义道路。经过最近三十多年的改革开放，我国社会主义市场经济快速发展，经济、政治、文化和社会建设取得伟大成就，综合国力、文化软实力和国际影响力大幅提升，中国特色社会主义取得了巨大成功，虽然还不完善，但可以说其体制制度基本成型。百年追梦的中国，正以更加坚定的道路自信、理论自信和制度自信的姿态，崛起于世界民族之林。

与此同时，我们应当看到，长期以来形成的认知、学习西方的文化心理习惯使我们在中国已然崛起、成为当今世界大国的现实状况下，还很少积极主动向世界各国人民展示自己——"历史的中国"和"当今现实的中国"。而西方人士和民族也深受中西文化交往中"西强中弱"的习惯性历史模式的影响，很少具备关于中国历史与当今发展的一般性认识，更谈不上对中国发展道路的了解，以及"中国理论"、"中国制度"对于中国的科学性、有效性以及对于人类文明的独特价值与贡献这样深层次问题的认知与理解。"自我认识展示"的缺位，也就使一些别有用心的不同政见人士抛出的"中国崩溃论"、"中国威胁论"、"中国国家资本主义"等甚嚣尘上。

可以说，在"摸着石头过河"的发展过程中，我们把更多的精力花在学习西方和认识世界上，并习惯用西方的经验和话语认识自己，而忽略了"自我认知"和"让别人认识自己"。我们以更加宽容、友好的心态融入世界时，自己却没有被客观真实地理解。因此，将中国特色社会主义的成功之"道"总结出来，讲好中国故事，讲述中国经验，用好国际表达，告诉世界一个真实的中国，让世界民众认识到，西方现代化模式并非人类历史进化的终点，中国特色社会主义亦是人类思想的宝贵财富，无疑是有正义感和责任心的学术文化研究者的一个十分重要的担当。

为此，中国社会科学院组织本院一流专家学者和部分院外专家编撰了《理解中国》丛书。这套丛书既有对中国道路、中国理论和中国制度总的梳理和介绍，又有从政治制度、人权、法治，经济体制、财经、金融，社会治理、社会保障、人口政策，价值观、宗教信仰、民族政策，农村问题、城镇化、工业化、生态，以及古代文明、文学、艺术等方面对当今中国发展作客观的描述与阐释，使中国具象呈现。

期待这套丛书的出版，不仅可以使国内读者更加正确地理解百多年中国现代化的发展历程，更加理性地看待当前面临的难题，增强全面深化改革的紧迫性和民族自信，凝聚改革发展的共识与力量，也可以增进国外读者对中国的了解与理解，为中国发展营造更好的国际环境。

赵剑英

2014 年 1 月 9 日

目　录

前　言 ……………………………………………………………… （1）

第一章　生态容量的格局与适应 …………………………… （6）

　　第一节　资源环境的空间格局 ………………………………… （6）

　　第二节　气候容量与气候移民 ………………………………… （13）

　　第三节　顺应自然 ……………………………………………… （27）

第二章　生态文明的发展范式 ……………………………… （34）

　　第一节　工业文明批判 ………………………………………… （34）

　　第二节　生态文明溯源 ………………………………………… （39）

　　第三节　生态文明内涵 ………………………………………… （42）

　　第四节　生态文明的定位 ……………………………………… （44）

　　第五节　对工业文明的否定？ ………………………………… （48）

　　第六节　生态文明建设 ………………………………………… （52）

第三章　可持续工业化 ……………………………………… （57）

　　第一节　工业化进程 …………………………………………… （57）

　　第二节　工业化阶段 …………………………………………… （64）

　　第三节　规模扩张的空间 ……………………………………… （70）

　　第四节　污染治理的范式转型 ………………………………… （76）

第四章 和谐城镇化 ······················· (84)

第一节 城镇化进程 ························· (84)

第二节 可持续与宜居城市 ··················· (92)

第三节 农业转移人口市民化 ················· (97)

第四节 城市规划格局 ······················ (105)

第五节 协同均衡和谐发展——燕效镇的案例 ····· (111)

第五章 资源关联与生态安全 ················ (114)

第一节 资源关联 ·························· (114)

第二节 生态功能定位 ······················ (120)

第三节 生态退耕 ·························· (123)

第四节 木桶效应 ·························· (127)

第五节 生态安全 ·························· (132)

第六章 低碳能源转型 ···················· (138)

第一节 消费格局 ·························· (138)

第二节 能源需求 ·························· (141)

第三节 能源革命 ·························· (145)

第四节 转型实践 ·························· (151)

第五节 转型战略 ·························· (155)

第七章 经济增长的生态转型 ················ (158)

第一节 增长的态势与动力 ··················· (158)

第二节 外延增长的三重约束 ················· (162)

第三节 生态增长 ·························· (168)

第四节 稳态经济 ·························· (173)

第八章 生态文明的消费选择 ················ (177)

第一节 消费选择的自然属性 ················· (177)

第二节 生态公平的消费价值取向 ·············· (182)

第三节 生态友善的理性消费 ················ (185)

第四节 生态文明消费的政策导向 ·············· (191)

第九章 生态制度创新 ····················· (194)

第一节 体制创新的动力 ·················· (194)

第二节 生态红线制度 ··················· (200)

第三节 生态补偿机制 ··················· (204)

第四节 生态治理 ····················· (212)

第五节 生态法制保障 ··················· (216)

第十章 展望生态文明新时代 ················ (220)

第一节 生态繁荣 ····················· (220)

第二节 经济稳态 ····················· (223)

第三节 转型挑战 ····················· (226)

第四节 实践探索 ····················· (229)

参考文献 ·························· (234)

索 引 ··························· (244)

后 记 ··························· (249)

图表目录

表 1—1　气候容量的阈值及参考指标 …………………………（18）

表 3—1　中国抵达工业化不同阶段的时间 ……………………（66）

表 3—2　部分国家钢铁产量峰值与对应的经济社会发展水平………（71）

表 5—1　水用于不同农作物的生产率范围 ……………………（117）

表 5—2　全国陆地国土空间开发的规划指标 …………………（123）

表 5—3　中国人均国民总收入居世界的位次 …………………（128）

表 5—4　全球降水资源比较 ……………………………………（130）

表 6—1　可再生能源转型：中国实践 …………………………（154）

图 1—1　中国人口和降水的空间格局 …………………………（10）

图 1—2　气候容量与社会经济发展 ……………………………（16）

图 3—1　不同发展阶段经济体产业结构的演化 ………………（58）

图 3—2　中国和部分发达国家工业制造业增加值

　　　　占 GDP 比重的变化（1961—2013）………………（63）

图 3—3　人均收入水平的变化趋势（按汇率计）（1960—2013）……（65）

图 3—4　部分国家人均收入与人均粗钢产量 …………………（72）

图 3—5　我国主要重工业部门产量预测（2010—2050）………（74）

图 5—1　资源关联的安全内涵 …………………………………（115）

图 5—2 中国主体功能区分类及其功能 ·················· (122)

图 5—3 中国金属消费占全球比重变化（1980—2020） ············· (135)

图 6—1 世界能源结构变化（1850—2000） ·················· (139)

图 6—2 部分国家人均能源消费变化趋势（kgoe/c） ············· (143)

图 6—3 能源消费与技术创新 ······················· (147)

图 7—1 日本年均人口、经济增长率（%）、小汽车拥有量
（小汽车/10 人）和人均 GDP（万美元，汇率，当
年价）变化趋势（1962—2012） ·················· (167)

图 7—2 英国经济社会格局和环境变化趋势（1960—2012） ········· (170)

图 7—3 日本经济社会格局和环境变化趋势（1960—2012） ········· (171)

图 7—4 中国经济转型：迈向稳态经济 ·················· (174)

图 8—1 人均期望寿命（年）、人类发展指数（HDI）与人均收入
［美元（ppp）/年］（2011） ·················· (180)

图 8—2 人均食品消费（a）与农业生产指数的
时间系列变化（b） ····················· (181)

图 8—3 效用核算 ··························· (188)

前　言

　　脆弱生态的现实与美丽中国的梦想，意味着距离，展示着方向，凸显着重任。中国的城镇化、工业化发展，速度快、规模大、进程长；作为"世界工厂"，资源供给、加工生产、能源消耗、产品消费、污染物排放，使得有限的环境承载能力不堪重负。粮食、水、生态、能源、气候、环境的关联安全，敦促中国加速经济社会的绿色低碳转型。国际社会对中国参与全球气候治理、能源革命和发展转型，也有着极高的期望。中国全方位大力度开创性的生态文明建设，催生着一种全新的范式，促进人与自然的和谐，实现人类社会经济的可持续发展。

　　生态文明建设的具体内容主要涵盖生态保护、污染控制和提升自然资源利用效率，要求将这些内容融入经济建设、政治建设、社会建设和文化建设的各个方面和全过程。显然生态文明不仅仅是生态保护，而有着更为深刻全面的社会经济内涵。从社会发展的历史视角看，生态文明有着久远的历史渊源和现实意义，揭示着未来导向。生态文明不是空泛的口号，而有可测度的指标和评价体系。中国生态文明的建设实践，形成了一套相对完整的体制机制和政策体系，在节能减排、污染治理、生态修复、可再生能源利用、绿色消费等领域进展迅速，绩效突出。面对工业化、城镇化的各种严峻挑战，迫切需要用生态文明提升和改造工业文明，变征服和改造自然为尊重和顺应自然，变纯然的利润追求为以人为本的可持续导向，从根本上转变生产和生活方式，实现人与自然的和谐，加速中国迈向生态文明新时代，引领全球生态文明转型。

天人合一是中国生态文明哲学思想的精华。所谓人，是社会经济发展主体，需要通过工业化、城市化满足人类的物质消费需求。生态文明的建设过程，就是天人合一的认知和实践过程。从认知自然的视角，我们看到中国生态文明建设有着其特定的自然环境基础。西部生态脆弱，还是东部生态环境的屏障；东部矿产资源匮乏但人口和经济密度高。中国东西部之间的胡焕庸线实际上标记着以水为表征的气候容量差异。因而，美丽中国梦有着自然承载能力的刚性约束。

从人的发展需要看，中国现代化进程起步较晚，人口基数较大，发展相对不平衡。中国的工业化进程，在改革开放以后快速推进，目前整体上已经进入工业化的后期阶段，部分发达地区已经进入后工业化阶段。但是，中国的工业化已经引起严重的资源短缺、生态破坏和环境污染，常规的工业化老路难以为继。中国工业化的发展基础和资源环境约束表明，中国新型工业化转型必须提速。

中国的城镇化水平与全球平均水平持平；中国城镇化发展的质量却仍然偏低。在资源紧缺约束下提升城镇化质量和水平，挑战严峻；但是，新型城镇化建设也是机遇，是经济增长的持久而强劲的动力源泉，是提高生态效率的有效途径，是生活水平提升的载体。在经济全球化时代，中国作为一个具有竞争力的中低端产品的制造业大国，"世界工厂"的地位凸显。既然是世界工厂，就需要利用两种资源、两种市场，不仅可以提升中国制造产品消费国的整体福利水平，也有助于改善中国的生态环境质量。自然资源的经济和资产属性，是多种资源要素的组合体现。仅仅有水，或者仅仅有土地，显然并不能表明这一自然资源的自然或社会经济生产力就必然高。缺水的荒漠地区，土地自然生产力低下，社会经济价值也就必然有限。然而，能源能够在一定程度上提升自然和社会经济生产效率。这样，水、土地、粮食、能源，就形成一个关联体。水安全必然影响到粮食安全，能源安全与水安全密切相关。中国的生态环境安全，需要考虑自然资源要素的关联性。

中国温室气体排放总量全球第一，人均逼近欧盟，经济发展接近中等发达国家收入水平，国际社会对中国有较高的减排预期。中国需要而且可以做出积极的减排贡献，但这种贡献并不必然表明中国的排放总量在短时间内大幅下降。中国在可再生能源利用、土地利用、林业以及低碳建筑等方面的贡献，意义更为重大。工业革命引领工业化进程。如果说蒸汽机、信息化是第一、第二次工业革命的标志，那么，第三次工业革命的标志是什么？有人说是3D打印。但是，3D打印只是机械制造和信息化技术的组合，并没有革命性的突破。可再生能源生产和服务可以从根本上实现能源可持续转型，这才是革命性的突破。而且，可再生能源革命与以往的单一技术引领的工业革命不同，是多种技术、多能源品种的大规模全面性革命。中国已经开始并且正在推动这一革命进程。

经济增长是社会发展的重要指标和目标。但是，发达经济体已经处于发展的饱和水平，外延扩张而拉动增长的内在动力和空间必然弱化。欧洲、日本的经济作为成熟的饱和经济体，外延扩展的空间有限甚至消失，富裕社会的人的物质需求已经得到满足，进一步增长必然有限，甚至是不必要的，负面的。这就意味着，即使是没有资源环境约束，经济的无限期高增长也不是必然的。经济增长趋缓直至停滞，对于发达国家，是一种必然。在资源环境约束下，这样一种没有外延扩张的"稳态经济"，有助于实现人与自然的和谐发展。中国经济增长减速，是一种必然，而且，我们还需要准备迎接未来"稳态经济"的来临。城镇化、工业化、资源环境约束、可持续能源服务，在农业文明下不可能实现，在工业文明下也难以为继。人类社会需要一种新的社会文明形态，来提升和改造工业文明。生态文明的伦理价值基础不是工业文明的功利主义，而是对自然和人的尊重，寻求生态公正和社会公正；生态文明寻求的不仅仅是利润最大化的经济效率，而且还寻求自然和谐的生态效率和社会和谐的社会效率。生态文明也需要技术创新，也鼓励技术革命，但是，这种技术，不是为了简单的利润和经济效率，更重要的，是为了人的品质、健康生活和生态环境的可持续。工业文明社会进步和经济发展的测度是唯GDP。生态文明社会的测度又是什么？品质、健康、绿色、低碳，是生态文明建设的核心要素，是中国特色社会主义核心价值观的重要内容。工业文明有市场和法制机制。生态文明社会并不是要抛弃工业文明社会的市场和法制机制，而是要加入生态文明的内容。例如划定生态红线、实施生态补偿、核算自然资源资产负债等。中国的生态文明建设实践，已经积累了成功的经验，不仅是对全球生态安全的直接贡献，更重要的，是引领全球生态文明转型。中国正在迈向一个全新的生态文明新时代。

生态文明作为一种相对于工业文明的绿色转型新范式，贵在实践探索，也需要学术提炼。因而，关于生态文明建设的理论创新、方法贡献和翔实的案例与数据分析就显得十分重要。从理论上看，我们需要对生态文明概念进行深入、系统讨论，提炼其科学内涵，尤其是厘清与工业文明的关联与区别，从而揭示生态文明是相对于工业文明的一种社会文明形态的认知，表明生态文明在中国的实践有其必然性，具有普遍适用性，是人类社会经济发展的一个新的阶段。在方法论上，我们要认识到以GDP为表征的国民经济核算体系，体现的是工业文明的功利主义伦理基础和利润最大化的目标选择，在生态文明的社会形态下，需要有一种科学客观的指标和评价体系。自然资源资产核算具有重要意义，但其货币化核算受到市场价格波动影响，其市场实现价值并不必然体现可持续性要求。在对发展与资源约束的科学认知上，需要从天人合一的高度，考察环境、承载能力、工业化、城镇化、自然资源关联性、可再生能源革命，以及发展的"天花板"效应，通过统计数据、案例分析，进行深入分析与解读，从而揭示生态文明范式的科学性和客观性。通过理论与方法体系的构建和对重大现实挑战的分析解读，我们可以发现，中国的绿色转型实践标示着中国正在步入生态文明新时代。

第 一 章

生态容量的格局与适应

　　生态容量或承载能力是一个量的概念，有绝对量的理解，也有相对量的解读。中国的绿色转型，在很大程度上，并非是一种主动的选择，而是一种被动的应对。中国的自然资源禀赋，有着自身的特点，其空间格局是一定的。对自然生产力有着直接影响的，显然是气候条件。因而，我们所说的环境承载能力，实际上是一种气候容量。中国人口和经济的空间格局，受制于气候容量的空间分异。所谓"一方水土养一方人"、"风调雨顺"，就是对气候容量及其时空变化的客观描述。中国历史上的人口迁徙和当前的"生态移民"，在许多情况下原本是超越气候容量或环境承载能力的气候移民。从这一意义上讲，环境承载能力是生态文明转型的基础和约束条件。尊重和顺应自然，就是要从受制于环境的被动适应转变为与承载能力相适应的主动转型。

◇ 第一节　资源环境的空间格局

　　承载能力（Carrying Capacity），多从不同的视角来界定，包括"资源承载力"、"环境容量"、"生态容量"、"环境承载力"等，理解为容纳量或支撑能力，具有刚性。马尔萨斯"人口论"中的资源绝对稀缺理论和罗马俱乐部的"增长极限论"，所考虑的承载能力就是一种绝对的量的约束，是人口数量或消费水平不可逾越的边界。中国政府划定的18亿亩耕地红线，也是为了确保粮食生产能力的底线。

在任一特定地区，气候和地理要素作为一个外生变量，是相对稳定的，因而正常状态下的生态承载力和人口承载力也是比较恒定的。一旦人口数量增长而引致社会经济需求超越这一容量或支撑能力，自然生态系统和其支撑的社会经济系统就会出现崩溃。承载力强调人类活动不能超出特定系统所能承载的刚性约束上限，其实质表明人类可持续发展的空间拓展存在一个长期的合理的度。传统的承载力研究主要有两个视角，一是生态学的视角，从自然资源和物理环境的限制条件入手，探讨"生态承载力"、"环境容量"、"生态足迹"等概念。因为我们生存的地球只有一个，而无论技术如何进步，制度如何变化，人们的消费模式和水平如何改变，一些为人类生存所必需的，而且是不可再生的，也不可能替代的资源终归是有限的。尽管各种表述强调的都是自然承载能力，但视角不同，所表达的内涵也不尽一致，例如，"生态承载力"（Ecological Carrying Capacity）是从生态平衡的视角而核算得出的地球生态系统能为人类提供的物质发展和生态服务的支撑水平；环境容量（Environmental Capacity）则是根据环境介质尤其指空气和水的质量标准和自我净化能力而核算得出的，在人类生存和自然系统不受危害的前提下，某一自然环境空间范围内所能容纳的某种污染物的最大负荷量。

从另一方面看，承载能力也具有相对属性，与技术手段、社会选择和价值观念等密切相关，具有相对极限内涵和伦理特征。古典经济学中由大卫—李嘉图提出的级差地租理论，就是一种典型的资源相对稀缺论，指出容量的可变属性。在李嘉图看来，优质的自然资源是有限的，但是，品质较低的资源或可替代的资源是无限的。只要有资本的投入和技术的改进，边际的或品质较低的资源就会源源不断地进入市场，满足需求。

世界环境与发展委员会则从技术和发展的视角，将"环境容量"定义为"技术状况和社会组织对环境满足当前和未来需要的能力而给定的强制性的边界约束"①。可持续发展经济学从整个地球系统来考虑生态环境的人口承载力，也即全球人口承载力和发展阈值的问题。美国学者鲍尔丁提出"宇宙飞船经济"概念②，认为地球有边界约束，经济运行的原则不可能也不应该采用开放的、没有边界的"牛仔经济"。我们可以利用的资源是有限的，我们用以存放废弃物的空间也是有限的。因而，地球经济实际上是茫茫星系中以地球为载体的"宇航员"的飞船经济。在地球这样一个宇宙飞船中，人口和经济的无序增长迟早会使船内有限的资源耗尽。因此，"适度规模的人口承载力"不仅取决于资源、环境等要素的制约，更与人类活动对资源环境的影响有关，这取决于发展模式、生产与消费方式。由于学科视角和分析方法的局限性，许多研究忽视了生态环境与人口承载力之间的复杂互动关系。尤其是在气候和环境变化的背景下，社会经济的快速发展（尤其是快速城镇化过程）愈发加剧了其中的不确定性和复杂性，使得传统的承载力研究难度更大。

自然环境资源的空间异质性特征，决定了地球表面空间不同地区承载能力的巨大变异，表现为雨林、草原、沙漠等自然生产力迥异的承载能力格局，我国地域空间相对广阔，资源环境的自然生产力有着明确的空间差异性。1935 年，中国人口地理学家胡焕庸发现从黑龙江瑷珲到云南腾冲可以画出一条人口密度分界线③，即自黑龙江瑷珲至云南腾冲画一条直线（约为 45°），线东南半壁 36% 的土地供养了全国 96% 的人口；线西北半壁 64% 的土地仅供养 4% 的人口。二者平均人口密度比为 42.6∶1。

在工业文明的今天，胡焕庸线所揭示的人口分布规律依然没有被打破。

---

① World Commission on Environment Development ， Our Common Future Oxford Univesity Press. Oxford，1987.

② Kennith E. Boulding，"The Economics of the coming spaceship Earth"，In Henry Jarrett（ed.），*Environmental Quality in a Growing Economy*，Baltimore：published for Resources for the Future，Inc. by The Johns Hopkins，1966，pp. 3 - 14.

③ 胡焕庸：《中国人口之分布》，《地理学报》1935 年第 2 卷。

胡焕庸的人口密度地图上（见图1—1A），96%的人口位于分界线以南，人口最稠密的地区是东南沿海，其中以长江三角洲为最大的人口稠密区。这一人口分布格局在生产力较为低下的农业社会如此，在经济技术和社会发展到较高水平的工业社会仍基本保持不变。1982年和1990年我国进行的第三、第四次人口普查数据表明，自1935年以来，我国人口空间分布的基本格局没有发生根本变化。以东南部地区为例，1982年面积占比42.9%，人口占比94.4%，1990年人口占比为94.2%，经历了55年时间，东西部人口比例变化不大[1]。2000年第五次人口普查发现，东南、西北两部分的人口比例还是94.2%比5.8%。尽管从空间结构的人口比例来看，与当年相比几乎没有大的变化，但是线东南的人口数量则增加了3倍，即从4亿多变成了12亿多。

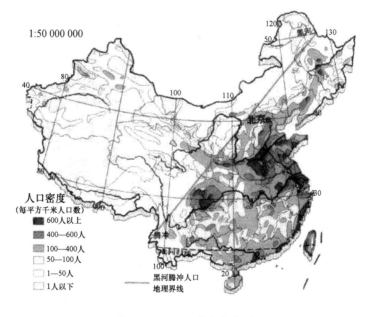

图1—1A　人口密度分布图

---

① 1935年，蒙古国的独立尚未得到中国政府的认可，1945年以后胡焕庸线土地面积的比例，不算蒙古国。

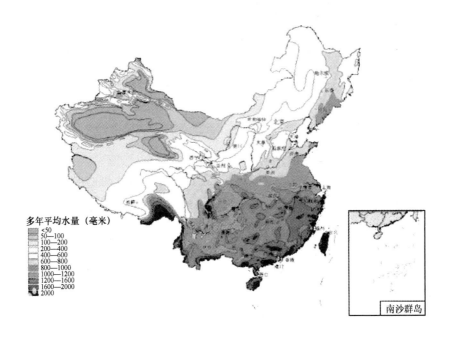

图 1—1B　降雨线分布图
图1—1　中国人口和降水的空间格局

　　这条分界线既是人口分布的界限，也是与 400 毫米等降水量线几乎重合的自然地理界限（见图 1—1B），是区分我国半湿润区和半干旱区的分界线。胡焕庸线西北降水量少，年降水量不足 400 毫米，土地向荒漠化发展，地形地貌所形成的自然环境条件不利于植物生长，因而自然生产力低下，生态容量比较有限，难以承载需要大量而稳定食物消耗的人类，形成草原、沙漠、高原等景观和以畜牧业为主的游牧经济，社会经济活动的强度也就十分有限。线东南侧以平原、水网、丘陵、喀斯特和丹霞地貌为主，降水相对充沛，而且地形地貌在总体上有利于植物生长，生物多样性水平高，自然生产力的产出水平高，因而，依赖于自然的农耕文明发达。

　　中国资源环境的空间特征，除了以降水量为主要因子的胡焕庸线所表现的总体格局外，地形地貌和植被状况也是人居环境的重要因素。封志明等[①]以 1 公里×1 公里栅格为基本单元，运用地理信息系统技术，定量评价了中国不同地区的人居环境自然适宜性，揭示了中国人居环境的自然格局与地域特征。结果表明：中国人居环境指数整体呈现由东南沿海向西北内陆递减的趋势；人居环境指数与人口密度显著相关，综合反映了区域人居环境的自然适宜程度。中国人居环境适宜地区 430.47×10^4 平方公里，接近国土面积的 45%，相应人口占全国的 96.56%，其中 3/4 以上的人口集聚在约占 1/4 居环境高度适宜和比较适宜地区；中国人居环境临界适宜地区 225.11×10^4 平方公里，占国土面积的 23.45%，相应人口 4112 万，占全国的 3.24%，人口密度每平方公里 18 人，是中国人居环境适宜与否的过渡地区；中国人居环境不适宜地区 304.42×10^4 平方公里，占国土面积的 31.71%，人口 249 万，不到全国的 0.2%，人口密度每平方公里不足 1 人，大片地区根本不适宜人类居住，多为无人区。

　　生态资源的空间格局和特点决定了中国的城市分布和产业布局。中国超过五千万人口的城市群——长三角、珠三角和环渤海，均分布在东部沿海地区；超过千万人口的城市群，包括长江中游、成渝、哈尔滨—长春，也在胡焕庸线东南侧，靠近沿海地区。而西北地区最大规模的省域中心城市兰州、乌鲁木齐、呼和浩特，人口规模在三百万左右。在产业上，西北地区多为能源、原材料的生产聚集地，如果有适宜的人居环境，就没有必要西电东送、西气东输。以自然生产力为基础的农业，地理区划的"东""西"界限更为清晰。按温度和降水的配合状况，全国大致以胡焕庸线为分界线，东部季风区，多以农耕为主，西部则包括西北干旱区和青藏高寒区，

---

　　① 封志明、唐焰、杨艳昭、张丹：《基于 GIS 的中国人居环境指数模型的建立与应用》，《地理学报》2008 年第 12 期。

为牧区。这一"东田西草"格局成为中国农业区划的基本特征①。2005 年 7 月，国家林业局提出以生态建设为主的林业发展战略，实施"东扩、西治、南用、北休"的区域布局，到 2020 年森林覆盖率超过 23%，全国生态状况明显改善。东扩，指在东南沿海和经济发达地区，扩展林业空间和内涵；西治，指治理西部生态脆弱地区；南用，指在南方光热、降雨条件较好的地区提高林业的质量和效益；北休，指东北、内蒙古等重点国有林区天然林休养生息②。显然，这一东南"扩""用"、西北"治""休"的空间分划，也是以胡焕庸线为分界线的。

全国主体功能区规划③的"两屏三带"生态安全格局，包括青藏高原生态屏障、黄土高原—川滇生态屏障、东北森林带、北方防沙带和南方丘陵山地带。青藏高原生态屏障，起着涵养大江大河水源和调节气候的作用；黄土高原—川滇生态屏障，保障长江、黄河中下游地区生态安全；东北森林带，是东北平原生态安全屏障；北方防沙带，是"三北"地区生态安全屏障；南方丘陵山地带，是华南和西南地区生态安全屏障。两屏两带均在胡焕庸线附近和以西地区，是全国的生态安全屏障，只有南方丘陵山地带在胡焕庸线以东地区，只是华南和西南地区的生态屏障。中国于 1999 年启动西部大开发战略④，涵盖重庆、四川、贵州、云南、西藏、陕西、甘肃、青海、宁夏、新疆、内蒙古、广西 12 个省（直辖市、自治区），面积 685万平方公里，占全国的 71.4%，大多在靠近胡焕庸线以及以西地区，环

---

① 丘宝剑：《全国农业综合自然区划的一个方案》，《河南大学学报》（自然科学版）1986 年第 1 期。

② 《这一空间格局成为国家林业十一五（2006—2010）发展规划的基本要素》，国家林业局，2006 年。

③ 《国务院关于印发全国主体功能区规划的通知》（国发〔2010〕46 号），2010 年 12 月 21 日。

④ 见百度百科词条，http：//zhidao.baidu.com/link？url＝KqpR2doYvnzpmetvBzW-JWJZaHWx_ hTasDP3YMHR_ RI6E1GQJxwHN0Iaf_ eEAvQwFgiHdNVI06DA7aCKIJoAqa.2015年 1 月访问。

境脆弱、经济落后。

◇ 第二节　气候容量与气候移民

环境容量受诸多自然因子的影响，但最为根本的因素，是气候条件，尤其是降水和温度。如果说环境容量具有一定的相对属性的话，气候因子则是技术和经济条件难以改变的。温室气体排放引发的以全球地表增温为特征的全球气候变化，也是一个长期、缓慢而且具有不确定性的过程。因而，气候容量是环境容量的决定因子。认识气候容量特征，有助于认识、尊重和顺应自然，促进生态文明的平稳转型。

气候容量的核心指标是气候要素的天然水平，为一个特定地区的关键要素和各种气候要素的组合及其变异而形成的总体上的量级水平。在某一地区，气候容量的各种要素中多以一个或几个起主导或决定作用。例如，光照、温度和降水。气候要素的变异主要为季节和年际变化。此外，气候要素还受地形、地貌、土壤和植被等因素影响，通过径流等方式进行空间与时间转移或再分配。气候容量的天然安全阈值受限于天然低限值，如最旱年份的降水量。因为如果年际波动或变率大，采用多年平均值会存在风险。例如大旱年造成农产品绝收、人畜饮水困难甚至死亡。

极端天气事件尤其是降水对社会经济系统和自然生态系统的制约和冲击影响巨大，甚至造成自然和社会经济系统的崩溃。但是这些极端天气事件下气候要素的量级水平并非是气候容量的底线容量。因为一个地区的水资源量，尽管最终取决于降水情况，但是，在某一个时点，水资源量的影响因子包括当年的降水、储存于水库或池塘的往年降水的存量、地表和地下来自于外部的容量转移。因而，底线容量需要考虑一个地区一年或多年资源的总量和存量地下水补充等情况。对于农业生产来讲，灌溉也可以满足需要；但是，如果地下水超采，在地下水枯竭的情况下，农业生产也难以得到保障。

由于地形、地貌、土壤和植被状况，气候容量出现空间分化，有些地方成为容量输出地区而出现天然容量缩减，有些地区则成为容量输入地区而出现天然增容。水土流失显然是一种容量的缩减，而河流三角洲和湖泊湿地，则为天然扩容的例证。胡焕庸人口地理分界线，实际上是以降水量为决定因子的气候容量线。从气象和地理因素上来看，中国西干东湿、南低北高的气候与地貌状况，以及大气环流带来的季风影响，是形成这一界限的大背景，也是形成气候容量条件的基本格局。这一人口地理分界线实际上体现了人口分布与社会经济发展受到的气候容量本底条件的制约。

人为技术、资本投入可以改变局部地区的条件，使得局地范围在短时间内的容量出现变化，而形成气候衍生容量。如果说气候容量是纯自然属性的承载容量，那么衍生容量则是在给定的气候容量下人类社会经济活动而形成的具有社会经济属性的承载容量，例如生态容量、生物产量、载畜量或环境容量。这些容量不独立，而是社会经济活动作用于气候容量而衍生出来的。之所以为衍生，就在于社会经济活动不可能超越具有自然属性的气候容量，也就是说衍生容量在根本上由气候要素决定。诸如技术进步和科学管理等人为的技术、经济和社会活动可以使一定气候容量下的生态容量、人口承载力得以提升。例如，培育耐旱品种和控制病虫害，可以在给定的气候容量下，增加气候衍生容量。气候衍生容量主要包括：（1）生态容量，基于人工生态系统，包括植树造林、种植草场、建造湿地、饮水工程等所形成的人工生态系统的容量。（2）单位面积生物产量，绿色植物在其生育期内通过光合作用和土壤养分吸收作用，即通过物质和能量的转化所生产和累积的各种有机物的总量，是自然的产物。但是，通过品种选育、病虫害防治、灌溉、排涝、施肥松土等人类劳动、技术和资本的投入，使在给定气候容量下的社会经济产出量高于自然产出量。例如，单位面积农产品产量，如水稻亩产、棉花亩产等均远高于同等气象条件下自然系统的产出量。（3）环境容量或环境承载力，一定区域内的大气和水体等环境介质具有满足一定的天然环境质量标准的吸纳恢复、自净能力。这一具有自然属性的能力可以通过洒水、提高水体流速、增加水体总量等物理手段和添加化学物质而去污的化学手段来提升，形成具有社会经济属性的环境容量。例如水体的化学需氧量 COD 或氨氮的自净能力，或大气中二氧化硫或粉尘不超标的最大允许排放量。

需要说明的是，衍生容量是一种人工容量，具有三个特点，一是受制于气候容量因而不独立；二是在人工容量干预活动终止后，衍生容量回归到气候本底容量的自然属性水平。如农业粮食生产，一旦搁荒，农产品的产量和质量均会退化回归到自然生态系统的产出水平。三是社会经济因子的介入，包括数量、质量、方式、时间等。这是人工容量或气候衍生容量最为重要的因子，如果介入程度低，如飞机播种造林，则衍生容量与气候容量的产出比一般大于或等于 1，即自然容量不会衰减，但增量也不会很大。如果介入程度高，则衍生容量与气候容量的产业比则可能小于 1，甚至小于零，也可能大于 1，甚至高出许多倍，例如，坡地农耕造成的水土流失，造成沙漠化，最后改变局地小气候，使衍生容量远小于气候容量的产出水平，成为负数。

气候容量是生态环境容量的自然基础，而生态环境容量则为一切社会经济发展提供了物质基础。气候容量是典型的复杂生态系统，具备以下特点：（1）刚性约束性：气候容量在特定的时间、空间范围内，是一个较为稳定的自然现象，人为活动在短期难以改变这种气候和地理条件导致的刚性约束。（2）波动性：受到气候系统及其变化的影响，气候容量具有季节和年际波动特性。（3）区域性：气候容量体现为区域差异性，例如不同流域的水资源分布就存在差异。（4）传导性/转移性：受到地形、地貌、重力作用等影响，一个地区的气候容量常常与邻近地区的容量相关联，例如跨流域的上下游地区，存在着水资源气候容量的外部输入和输出现象。此外，通过人工活动如跨地域调水工程，则可以导致容量的时间和空间转移。

（5）互动性/反馈性：如果从全球范围来看，人类社会经济系统与气候容量之间能够相互影响，人类活动可以改变气候容量，如温室气体排放能够导致升温效应，引起全球气候变暖，导致一些地区原有的气候容量发生改变；气候容量的变化也可以改变人类行为，例如气候变化导致的长期干旱、洪涝、台风或海平面上升等极端事件，会引发人口迁移，形成移民。

气候容量是基于气候状况的自然容量，其自然生产力所能支持的自然和社会经济发展水平是一定的，如果不考虑技术进步和人力资本的作用，其对社会经济和自然生物的承载能力存在一个上限约束。随着人口增加和生活品质提高而对自然系统产生的服务和产品产生不断攀升的需求，自然的气候容量水平下的物质生产越来越不能满足经济社会的需求，两者的差距逐渐加大（见图1—2）。

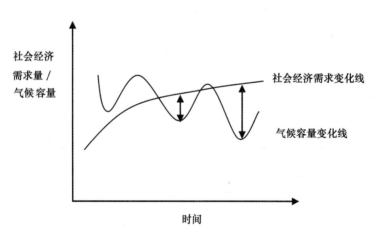

图1—2　气候容量与社会经济发展

气候容量的时空变异为社会经济系统通过工程手段提高生态环境容量提供了条件，不同的技术选择，例如品种选择和效率技术为从生产方面提高容量水平提供了可能。各种法制法规政策可进一步强化工程和技术适应效果，从而提高给定气候容量下的社会经济承载能力。比如，温室种植改变热量状况，从而提高在温室范围内的整体容量水平；农业灌溉改变水的时空格局，从而减少水对农业生产形成的气候容量制约；修建水坝和植树造林可以涵养水源，从而使局地气候容量得以最大化利用。

气候容量水平并不是不变化，尤其是在社会经济活动的干预下，其自然属性水平会被人为改变，使容量水平发生变化。从总体上看，有以下几种情况，需要加以认识：（1）自然容量：气候容量的天然安全阈值是天然低限值。（2）适应容量：适应气候变化措施提升了气候容量因子整体水平而形成的气候容量。（3）虚幻的气候容量：气候容量因子借助外部输入而提升的、不可持续的气候容量。（4）退化容量：对气候容量因子的过度利用而引发该容量因子缩减，导致未来气候容量退化。

在出现虚幻容量的情况下，气候容量困境引发气候安全问题。由于采用适应手段后的衍生容量不能够满足社会经济需求，必然造成气候容量退化。当气候容量退化到一定程度，此时会引发气候安全问题，不仅仅是水安全、粮食安全、经济安全，还有社会稳定和国家安全的问题。

气候容量不仅是一个自然要素的综合集成，人为活动也可以加以改变。在大的地理尺度上，我们难以"人定胜天"，但在局部地区，则可以通过人类努力，而对局地的气候容量加以改变。但是，我们也必须注意到，人为调整气候容量，只能是局部的、有限规模的，并且存在一定的风险。例如，在干旱地区修建水坝或抽取地下水资源，可以改变当地的以水为制约因子的气候容量。但是这种人为的调整，客观上减少了容量输入地区（下游）的天然容量水平，而且因为缺乏天然容量支撑，使得局地增容的不可持续风险增加，从而造成气候容量的缩减，甚至导致当地脆弱的自然系统和社会经济系统发生崩溃。表1—1列出了可以作为气候容量阈值的一些参考指标。

表1—1 气候容量的阈值及参考指标

气候及其衍生容量阈值	阈值要素	参考指标（参考阈值）	容量提升或稳定的政策途径
气候容量阈值	温度	积温①	温室大棚
	降水	年平均降水量	增加绿色植物地表覆盖率，保护和增加湿地面积
衍生容量：生态阈值	水资源承载力	人均可利用水资源（小于500立方米）②	借助工程措施改变时空格局
	生态系统承载力	生物量（如载畜量）生物多样性指数（高中低）	减少消除人为干预
	土地承载力	人均可利用土地资源 单位土地产出量	水利设施改善水状况，改良土壤，增施肥料，改进品种，控制病虫害
衍生容量：环境阈值	化学需氧量	饮用水源水质标准	工程、技术、制度措施
	大气PM 2.5浓度	50μg/m³③	减少化石能源燃烧，严格排放标准，增加森林面积，洒水除尘

① 积温或活动积温是农业常用的一个概念，指作物在整个生长发育期间所需要的最低限度的温度（热量）条件，是高于某一温度界限例如5℃或10℃逐日平均气温的累积值。农业生产受到特定地区的平均温度和某一作物所需的总有效积温的限制。

② 按照世界银行标准，人均水资源低于3000立方米为轻度缺水；低于2000立方米为中度缺水；低于1000立方米为严重缺水；人均水资源低于500立方米为极度缺水。中国人均水资源占有量为2240立方米，为全球第88位。中国水资源地区分布也很不平衡，长江流域及其以南地区，国土面积只占全国的36.5%，其水资源量占全国的81%；其以北地区，国土面积占全国的63.5%，其水资源量仅占全国的19%。目前中国有16个省（自治区、直辖市）人均水资源量（不包括过境水）低于严重缺水线，有6个省、自治区（宁夏、河北、山东、河南、山西、江苏）人均水资源量低于500立方米（2011年世界银行《解决中国的水稀缺》研究报告）。

③ 世界卫生组织2005年制定的标准值为年均≤10μg/m³，日均≤25μg/m³，中国拟2016年采用的是世界卫生组织制定的过渡值，即年均≤35μg/m³，日均≤75μg/m³，当前采用的是50μg/m³。

气候衍生容量，包括环境容量、生态容量、载畜量和人口承载力，等等，从根本上讲，受气候要素的决定，但技术进步和科学管理可以使一定气候容量的生态容量、载畜量、人口承载力得以提升。在农业生产中培育耐旱品种和病虫害控制，可以在气候容量保持不变的情况下，增加气候衍生容量。

此外，气候容量可以通过自然系统与环境系统的互动，使得气候容量因贮存、转移而发生改变。自然力量主要包括流域水系将上游降水汇集而使得中下游地区的水容量得以扩大，也包括高山融雪，由于冬季低温而贮存大气降水，在夏秋季释放而使水容量出现时空转移的情况。人类历史上将自然生态环境改造为适宜人类居住的地区，或者通过生产和贸易活动实现生态足迹的时空转移，就是一种人工调节气候容量的措施。前一种主要是工程技术性措施，包括人工影响天气、调水工程、水利设施、生态保护等。后一种包括粮食、木材、高耗能产品的进出口等，实际上是内涵能源、内涵水资源在不同时间和空间上的转移。工业时代高度依赖的化石能源，实际上来自久远地质年代生物体储存下来的太阳能资源，也是一种气候容量的跨时空利用。

考虑各种社会经济和自然系统因素，通过人类活动改进（增加）某个地区的气候容量，使气候容量的时空调节符合人类社会经济和自然系统的要求。主要包括：

（1）经济理性原则。改变某个地区气候容量的举措需要考虑投入的经济成本和效益，比如，人们可以想象引渤海水入内蒙古，截断喜马拉雅山脉，这些人定胜天的想象，符合工业文明理念，具有工程技术手段和能力，但缺乏技术和经济的可行性。

（2）生态环境整体性原则。调节气候容量需要考虑相关举措对于地区和更大层面的生态环境的影响；这是气候容量自然属性的刚性所致，在地球系统水平上，我们不可能加以改变，局部地区的时间与空间调节，意味着气候要素的转移和自然系统的改变。

（3）气候防护性原则。从气候安全和防护性需求出发，适应措施应当优先考虑那些基本生存条件恶劣、生命财产易于受到气候灾害影响的地区和群体。

（4）公平分配原则。气候容量的改变和转移实际上是一种气候资源的再分配，需要优先考虑最脆弱和需求最迫切的群体，确保资源的公平分配和利益共享。

针对不同情况，上述考虑的因子可以有不同的优先次序。例如，因为海平面上升、气候灾害导致生命财产伤亡和损失，需要迁移、救助的，就必须优先选择气候防护性原则，而不能考虑成本问题。

人类历史上大规模的人口迁徙，多数是某一特定地区内人口的社会经济需求超越了气候承载能力而发生的。中国西部气候水资源承载水平尤其低，自然生态系统和人类社会经济活动所依赖的水资源容量严重短缺。人类工业文明的技术资本投入在有限程度内使气候衍生容量如生态承载力有所提升，但气候容量的刚性约束催生了自发或有组织的移民。这种超越气候承载能力的移民不同于农业人口向城市地区的转移，后者并不是超越生态承载能力的迁徙，而是为了经济目的的自主迁移。

中国的贫困地区集中于气候容量形成制约的西部高原和中西部地区的山区和丘陵地区，包括西藏、新疆、青海、甘肃、宁夏、陕西、四川、贵州、云南、广西等大部分地区，以及内蒙古和中东部的沂蒙山区、太行山区、吕梁山区、秦岭大巴山区、武陵山区、大别山区、井冈山地区和赣南地区，这些地方生态环境脆弱、经济发展水平低。许多地方均将移民作为一种脱贫手段，称之为生态移民。但实际上，南部山区的移民，对于生态保护是有积极意义的，但对于西北干旱半干旱地区，气候容量难以承载当地人口，移民的原因和性质不同。例如，1980年代以来，宁夏分阶段在中南部干旱地区实施了60多万人的移民，"十二五"期间，还规划迁移35万人。宁夏移民政策的出发点是为了扶贫、发展和生态保护。从表面来看，是由于生态环境恶化和贫困引发的，但是人口压力—生态退化—贫困这一恶性循环背后的驱动因素却是气候变化，因此宁夏的移民更准确地讲应该是"气候移民"，属于干旱少雨的环境不适合人类生存而出现的一次性整体搬迁，是一种应对眼前或长期不利的气候变化的一种适应选择。从根源上来看就是受到了气候容量的限制，自然生态系统无法提供充足的物产，人口承载力非常有限，不得不迁移出超过气候容量的部分人口。可见，气候移民更注重气候防护和安全保障的作用，与生态移民、开发型移民有本质的不同。

从气候容量的视角来分析生态容量与发展的关系，宁夏西海固的移民案例则具有典型意义。

"一方水土养不了一方人"，气候容量限制西海固地区的人口承载能力。号称"苦甲天下"的宁夏西海固地区是国家重点扶贫地区之一，包括宁夏中南部的原州区、西吉县、隆德县、泾源县、彭阳县、海原县、同心县、盐池县、红寺堡区9个国家扶贫重点县（区），面积占宁夏的60%左右，人口约200万人，占宁夏人口的1/3，是全国最大的回族聚居区。这一地区属于半干旱黄土高原向干旱风沙区过渡的农牧交错地带，生态脆弱，干旱少雨，土地瘠薄，资源贫乏，自然灾害频发，水土流失严重；年均降水量200—650毫米，人均水资源占有量仅为136.5立方米，为全国最干旱缺水的地区之一。按照国家2010年的1350元的贫困线标准，还有贫困人口近100万人，其中有35万人居住在交通偏远、信息闭塞、外出务工不便、生态失衡、干旱缺水、自然条件极为严酷的干旱山区①。

固原地区列入移民规划中的村民大多居住在山大沟深地区，生计来源深受有限气候容量的制约，基本生计难以维系。从固原市工农业发展和城

---

① 参见宁夏发改委《宁夏"十二五"中南部地区生态移民规划》。

市建设的实际情况看，这一地区的贫困不是一个发展问题，而是气候容量问题。因为生态过于脆弱，越发展越贫困。这一地区通过常规的发展过程或者扶贫式发展是解决不了问题的，发展（更多的基础设施投资、水资源开发、发展现代工业和城市化）只会进一步恶化生态环境，不能增强该地区的气候容量和气候适应能力。

气候容量不只是迁出地的问题，同样是迁入地面临的问题。宁夏实施的移民搬迁，由于水土资源的限制，只有少部分搬迁到气候容量经过转移扩充、人口容量较大的引黄灌区。迁入地区原本气候容量就较为有限，在承受了新增的移民人口之后，对气候容量关键因子水资源的需求进一步增加，加剧了对地下水的开发，使得迁入地脆弱维持的气候容量因为人口压力而恶化。以位于宁夏中部扬黄灌区、规模最大的移民迁入地红寺堡区为例，其原本是一片荒滩，在移民政策的支持下，将黄河上游降水形成的气候容量经过引黄工程转移，将缺乏降水容量的荒漠改造为农业绿洲，容纳了19万移民，成为宁夏乃至全国移民工程的 个典范。由于示范效应，还吸引了数万来自宁夏南部、陕甘等贫困地区的自发移民源源不断地迁来此地。红寺堡是依靠人工措施转移气候容量的典型成功案例，即利用黄河上游地区气候容量的河流转移水资源，减少对下游资源的输送。然而，从长远来看，这里依然是一个气候容量脆弱且不稳定的地区。实际上，移民示范效应和人口集聚效应，在给地方政府带来发展机遇的同时，也让他们意识到了红寺堡这个新兴城镇面临的水资源和环境制约。由于黄河中下游水资源短缺，黄河水利委员会对沿黄河各省区进行了水量分配，超过配额引黄灌溉，无疑只能加剧下游水环境容量的缩减。事实上，黄河下游的断流，也在一定程度上与引黄工程减少下泄水量有关。而且，一旦气候变化对于未来黄河径流量造成较大的波动，红寺堡这个"沙漠绿洲"面临的人口和发展压力将会加剧，甚至面临生存的威胁。

气候移民有三种情况：一是气候容量因自然或人为因子出现缩减但人

类社会经济活动没有发生大的变化；二是气候容量没有出现大的变化但人类社会经济活动不断增加而超越了气候容量；三是前面两种情况的叠加。在气候变化背景下，我们一般理解的是第三种情况。由于一种或多种气候、生态因子（尤其是温度和降水）发生不可逆或突发性超常规改变，使得气候容量出现衰减而不能承载改变之前的人口数量、经济活动方式和强度，加上人口数量的增加和社会经济强度的提高，导致环境退化——贫困的恶性循环，或短时期失去生存条件，人们为了适应这种气候变化导致的影响，而采取的自发或有组织的、永久性或短期人口外迁行为。由于突发性气候改变多具有短期和可逆性，这类气候移民多为应急性的气候难民，而不可逆的持续性变化形成的气候移民则具有可预见性和长期性。虽然气候难民也可能成为永久移民，但通常意义的气候移民具有长期性和不可逆性。

国际上将气候变化导致的移民分为几种主要类型：突发气候灾害（如台风、洪涝）引发的移民、渐进的气候灾害（如海平面上升、盐碱化）引发的移民、小岛国移民、高风险地区的移民、资源和政治冲突引发的难民。气候移民往往是由于生计、人身财产、居住环境受到突发的气候灾害（如台风、洪涝等）、长期的气候风险（如海平面上升）或渐进性的生态环境变化（如干旱）的威胁，不得不被迫离开原住地。虽然难以预测气候移民发生的地区和流向，但是比较确信的是灾害高风险地区和生态环境敏感地区最为脆弱，往往成为气候移民的高发地区，包括：城市三角洲地区、小岛国、沿海低洼地区、干旱地区、极地及那些容易遭受极端突发事件影响的地区。

气候移民的内涵及特征可以从气候移民产生的动因、迁移的目的、政策介入的原则或依据、治理主体及方式等方面深入分析。以生态移民为例进行对比分析如下：

气候移民的动因。气候移民是气候容量的刚性制约，人口数量和社会经济活动强度超越了气候容量所能承受的能力。由于长期气候变化趋势导致人类居住的生态系统、人居环境发生改变，因此不利于人们居住和生活。我国西部地区的生态移民政策，从表面来看，是由于生态环境恶化和贫困引发的，但是人口压力—生态退化—贫困这一恶性循环背后的驱动因素却是气候容量的刚性限制。人类社会经济活动不能扩大或提升气候容量，因而只能减少所承载的人口和社会经济活动，即移民，也就是减少压力。与此不同，"生态移民"强调以保护生态系统服务和生物多样性为目的，如建立自然保护区，实施退田还湖、退草还林、退耕还牧的生态保护工程等。这些工程涉及的移民，多为政府主导下的有组织的、非自发的，给予相应经济补偿的移民。迁移的原因，或者是由于特定地区的人口超过了其生态系统承载力的容量，需要尽快恢复该地区的生态系统健康，例如退耕还林、还湖、还草等工程；或者是移出地并非不能支撑人类居住，而是为了保护特定的物种资源和生态价值，例如水源地保护、大熊猫栖息地保护等。还有一种受利益驱动的自愿移民，例如浙江山地的生态移民，并不是山上的环境不能维系他们的生存，主要是通过利益驱动，为了让山上的居民迁移下来，给山上居民的下一代提供良好教育，在山下就业使得他们不再回到山上，从而山上生态环境得以保护。浙江山区生态移民的特点是不具有环境压力的强制性，是自愿的和补偿性的，是主动的撤离，而不是生态系统脆弱到人类无法生存而被迫迁徙。

气候移民的目的。移民决策常常兼具多重目标，例如寻求安全、更高的收入、更好的居住环境等，但是区分气候移民或生态移民需要分析某种具体迁移行为的主要目的和次要目的。气候移民的主要目的是为了生存，旨在使人口数量和社会经济活动强度与气候容量水平相适应，实现所涉及地区的人口安全和环境可持续发展。尽管在客观效果上有生态恢复，但目的不在于生态功能的重建。而生态移民则以生态环境保护、恢复生态服务功能为首要目的，但是在实践过程中，还包含着比如移民的脱贫致富、生活方式和生产方式的转变、区域经济的协调发展，甚至包括人类未来生存和发展的空间等诸多目标考虑。这使得生态移民这一概念在政策目标上比较模糊，导致实践操作和实施效果上的诸多问题。因此，在我国的政策实践中，有必要明确区分不同类型的移民方式及其政策设计，从而有针对性地制定移民决策。

气候移民的政策依据。气候变化本质上属于全球环境公共物品的外部性问题。对气候移民的补偿应体现气候安全原则，以保障基本发展需求（减贫）和实施气候防护为首要任务，同时兼顾气候公平原则、气候脆弱地区和弱势群体优先等原则。生态移民则是秉承"谁保护谁受益的原则"。因此在移民补偿、资金来源、政策实施主体等方面，就具有不同的操作特点。与此不同，生态移民首要的目的是要实现生态脆弱区生态环境恢复，因此在方法上，生态移民应该采用生态补偿原则，补偿方法为"生态服务付费（PES，Payment for Ecological Services）"。这种方法所评估的是生态移民所保护地区提供的生态服务，例如防止水土流失、保护生态多样性。这些可以通过相应的环境经济学方法来量化分析，可以通过市场价值来估量。当前我国一些地区所做出的补偿，也是按生态服务的支付额的匡算作为依据的。例如，浙江对水源涵养地的补偿，上海对生活用水水源地的补偿，是根据二级水质和三级水质、消费者的支付意愿、能力以及生态的公益服务等方面进行匡算而得出的，原则是"谁受益，谁补偿"。

生态移民还是气候移民？面对环境和气候变化，人们有三种态度或对策，一是被动接受不利现状，二是主动减小影响，三是离开受影响区域。移民作为最后一种选择，弊端在于可能引发人口迁入地的资源环境压力（如粮食供给）和冲突。对于环境和气候变化导致的移民问题，有两种不同的观点，传统的观点认为：迁移是当地居民没办法适应环境恶化和气候变化的一种失败表现，例如气候难民这一概念就体现出这层含义，近些年逐渐被接受的另一种观点是将人口迁移看成是一种应对环境和气候变化的手段。中国从 1980 年代、1990 年代以来先后在西部生态脆弱贫困地区、长江流域自然灾害频发地区开展了大量生态移民工程，这些都与环境和气候变化因素密切相关，实际上，中国许多地区以政府主导的生态移民实践就是一种主动的、有计划的适应行动。

可见，生态移民表现出显著的地域差异，越是地理气候条件恶劣、生态环境脆弱性高、人口承载力小的地区，生态移民问题越是具有典型性和普遍意义。根据对中国贫困问题的研究，资源匮乏型贫困、生态恶劣型贫困、灾害导致型贫困是其中主要的贫困类型。我国的贫困地区多处在全球气候变化的重要影响区，贫困人口分布与生态环境脆弱地区分布高度一致，在生态敏感地带的人口中，74%生活在贫困线内，约占总人口的81%，生态环境恶化所导致的生态贫困、气候贫困已经成为西部地区贫困的区域性特征。因此，我国西部地区开展的生态移民最接近气候移民的概念，其原因可以由"气候容量制约"和"贫困陷阱"进行解释，气候容量的刚性限制了发展空间和发展手段选择，即使是有限的人口所引致的社会经济需求也难以得到满足而处于贫困状态，难以就地从根本上摆脱贫困，这二者都与气候变化导致的脆弱性密切相关。

在以降水量有限为特征的西部地区，生态移民政策实践的效果并不理想，部分原因在于生态移民的目的并不明确。在实践中，生态移民被普遍认为是缓解西部地区人口与土地承载力矛盾、解决生态环境保护和农牧民脱贫致富之间矛盾的一种成本较小而收益较大的方式。然而，我国一些地区的生态移民实践往往承担了多重目标，如生态恢复、扶贫、发展经济等，使得生态移民的概念复杂化。由于生态移民概念过于综合和泛化，未能区分甚至混淆不同环境驱动因素和不同的目的，使得这一概念在实践应用中缺乏坚实的理论基础和明确的目标导向，体现为不同地区在政策设计、补偿标准、迁移方式等方面千差万别，不利于政策经验的总结推广和实践深化。

因气候容量约束导致人口被迫迁移的事实表明，工业文明的技术和资金手段不能提升或增加自然属性的气候容量水平，而只能顺从容量约束，实施人口迁移与容量相适应。

◇　第三节　顺应自然

工业文明的理念引导社会改造自然，但是，受自然气候条件和地形地貌等自然因素决定中国生态容量的空间格局，我们没能改变；不仅没有改变，而且从经济发展格局上看，还得到进一步强化。我们不仅要反思工业文明的理念和实践，还要改变理念：顺应自然。

美丽中国的一个基本前提，是我们的社会经济活动不能超出生态系统的承载容量范围。如果说地球资源环境容量是一定的，也就是说，生态供给是固定的，对生态的需求如果超出地球生态系统的供给能力，生态的退化就不可避免，自然美就会受到破坏。建设美丽中国，使人口资源环境相均衡、经济社会生态效益相统一，按照生态文明的理念和原则，尊重、顺应、保护自然，不仅要使生态的天然供给处于最佳状态，更重要的是要控制对生态的需求，也就是我们的生态足迹必须要低于生态承载能力，确保生态安全，才能实现美丽中国的宏伟蓝图。

改变消费方式，降低生态足迹。所谓生态足迹，是指依赖自然的人所消费的自然生态系统直接或间接提供的各种商品和服务，以及生产和消费这些商品和服务而产生的废弃物为生态系统吸纳而需要占用的具有生态系统生产力的土地（或水域）面积[1]。因而，生态足迹就是生态需求，或生态消费，与生态系统生产能力或生态承载力，即生态供给，构成一种供求关

---

[1] 这一概念最早由 William Rees 于 1992 年提出。见 Rees，William E. （October 1992），"Ecological footprints and appropriated carrying capacity：what urban economics leaves out"，*Environment and Urbanisation* 4（2）：pp. 121 – 130。

系。生态足迹和生态承载力都用"全球公顷"单位度量，1 全球公顷代表全球平均生态系统生产力水平下 1 公顷土地利用面积。对于一些关键生态因子，例如温室气体的生态足迹和水资源消费占用的生态足迹，则分别用碳足迹和水足迹表示，单位仍然是全球生态系统平均生产力的单位土地面积。生态足迹是用来衡量人类对自然资源的需求与消耗的有效工具，它将生态系统可再生资源供需状况加以量化，为环境经济政策的制定和生产、消费模式的选择提供理性依据，为推进生态文明建设提供客观标准。

生态系统的供给，多受自然容量的限制，即使通过投资和技术手段可以在一定程度上改进承载能力；但是，自然容量本身不会得到根本改变。而生态足迹则不然，它考察的是人的消费对生态系统的需求。例如食品消费的生态足迹，如果是粮食，就需要一定面积的耕地来生产；如果消费中含有动物性食品如牛羊肉，则所需的土地面积则要多于谷物生产所需要的生态足迹。对于一些工业制造品和基础设施投资，直接或间接源于或用于人的消费，也存在一个消费选择，例如选择公共交通还是小汽车，生态足迹可相差十数倍。通过相应的测算，可以得到这些消费相应的生态足迹。例如钢铁，需要消耗能源、排放污染、占用土地、消耗水。根据生态系统固定转换的能量、土地使用量，可以测算出单位钢铁生产和消费占用的全球公顷数量。温室气体二氧化碳排放，也可以通过绿色植物光合作用固定吸收而测算碳足迹。

无论科学技术如何发达，人类始终依赖自然获取水、食物和能源。自1970 年代以来，人类每年对地球生态系统的需求已经超过了其可再生能力。根据 2012 年的核算数据①，2008 年，全球生态足迹达 182 亿全球公顷，人均 2.7 全球公顷。同年，全球生态系统承载力为 120 亿全球公顷，人均 1.8

---

① 世界自然基金会汇集中外科学家，对全球和中国的生态足迹进行了更新和匡算，并于 2012 年发布有关数据。见世界自然基金会《中国生态足迹报告 2012》，第 64 页，www.wwfchina.org。

全球公顷。也就是说，2008 年，全球生态赤字率达 50%，人类需要一个半地球才能生产其所利用的可再生资源和吸收其所排放的二氧化碳。按照这一趋势，到 2030 年，即便两个地球也不足以支撑人类的消费需求。中国脆弱的生态系统，正在承受着巨大并不断增长的人口和发展压力。根据世界自然基金会[①]的测算，2008 年中国人均生态足迹为 2.1 全球公顷，是全球平均水平的 80% 左右。但是中国生态系统相对脆弱，高原、山地、荒漠和戈壁占据大半壁江山，生态系统生产力远低于全球平均水平。中国的人均生态足迹，已经超过生态系统生产力的 2 倍。进入 21 世纪，中国进口石油、铁矿石等自然资源，数量不断攀高，从中也可见一斑。而且，预计 2020 年建成小康社会，也意味着更高水平的城镇化率，更高品质的消费。现有的生活与生产模式，长期超负荷利用生态系统，生态欠债式的发展，已经威胁到并正在失去作为经济社会发展基础的生态系统的安全。

建设生态文明，从人的能动性考察，在保证人的生活品质的情况下，选用不同的消费模式，生态足迹相差迥异。例如美国与欧盟的收入和生活水平大致相当，但是，美国人均碳的排放是欧盟的 2.4 倍[②]。原因就在于生活方式的不同。建设美丽中国，必须要调整和改变消费方式，缩减生态足迹，使我们对生态系统的需求在其容量范围内，维护美丽中国的自然基础。

顺应自然，维护生态系统生产力。如果生态系统生产力受到人为干扰破坏，生态系统伤痕累累、满目疮痍，美丽无从谈起。自然生产力，是美的基础；宽松生息，美丽天成。维护生态系统生产力，需要遵循生态文明的理念，顺应自然，而不是逆自然而为，以改造自然的名义破坏自然。

20 世纪 80 年代，改革开放后的中国在大规模工业化城镇化进程开启之

---

① 世界自然基金会：《中国生态足迹报告 2012》，www. wwfchina. org。

② 欧盟和美国的人均碳排放水平均已过峰值，多稳中有降。欧盟进入 21 世纪人均下降幅度较大。此处为 2011 年数据。见 *BP Statistical Review of World Energy* 2012；世界银行 WDI 数据库，http：//data. worldbank. org/data-catalog。

初，就明确提出要保护"生态平衡"。当时的生态平衡，更多的是从保护自然的角度，维护自然的生态供给的稳定性。新中国成立后，社会趋于安定，经济不断发展，人口快速增长，客观上需要更多的生态供给。我国 1960 年代兴起的"农业学大寨"运动，围湖造田、毁林开荒，旨在利用自然空间得到更多的生态系统产出，结果造成水土流失、河道淤塞、旱涝灾害频发；许多情况不仅没有增加生态系统产出，反而造成生态系统退化，生态系统生产力下降。此时的生态平衡，主要是自然恢复，环境污染并不构成主要的生态系统威胁。

改革开放以后，中国的快速工业化进程将经济和劳动就业的重心转向工业制造业，大规模开采、使用矿产和化石能源，大量的工业废弃物进入环境。此时对自然的破坏，除生态系统生产力退化外，一些生态系统本身也受到了毒化。农业生产力提高了，单位产量增加了，物质产品丰富了。但是，水受到了污染，大气不再清新，食品供给数量可能有保证，但是质量不再安全。土壤的重金属污染、农药残留、大气颗粒物 PM 10 和 PM 2.5①，影响的不仅仅是生态系统物质量上的产出，而且是生态系统和产品的质的变化——受到毒化。受到影响的，不仅是生态系统的健康，而且包括人类自身的健康。相对于生态系统退化，生态系统受到毒化对生态系统生产力的破坏，对生态安全的危害更为深远。

如果说尊重自然是一种伦理道德理念的话，行为准则就是顺应自然。如果不按自然规律行事，有悖于对自然的尊重，结果只能是破坏生态系统生产力。顺应自然的关键在于生态系统的容量空间。建设生态文明，实质上就是要建设以资源环境承载力为基础、以自然规律为准则、以可持续发展为目标的资源节约型、环境友好型社会，维护生态系统的生产力。承载

---

① PM，即 particulate matter，即颗粒物。PM 10 和 PM 2.5 指的是粒径分别小于等于 10 微米和 2.5 微米的颗粒。PM 10 可以为呼吸吸入；PM 2.5 可入肺。由于颗粒物多含有化学成分和重金属，是重要的致病因子。

能力的最终制约是生态系统生产力。我国地域辽阔，气候差异大，区域生态系统生产力空间分化明显，形成了我国相应的社会经济基本格局。西部地区环境容量低，生态系统生产力低下，难以承载大规模城镇化、工业化。同等面积的生态系统生产力，东部地区可能超过西部地区数倍甚至更多。顺应自然，需要评估的不是地区社会经济的均衡发展，而是基于生态系统生产力的资源环境承载力。

尊重自然，与生态系统承载能力相适应。自然美，可以通过技术创新和资金投入，加以生产或创造吗？生态系统有其自身的空间格局和时间变化。如果通过工程技术手段，改变这种天然格局，可以增加局部地区或整个生态系统的生产力吗？

工业文明认为技术和投资可以改善环境容量，增加生态系统的生产力。但是，局部生态系统生产力的改善，并不意味着自然容量空间的扩大。而且，技术和投资造成表象上的容量空间的扩大，人为放大了生态系统的风险和脆弱性。投资越大，风险也可能越大。例如黄河下游的一些引黄工程，可以人为提高受益地区的生态系统生产能力，但是，一旦黄河断流，这些依靠黄河水改善的灌区或城市的环境容量和承载力将不复存在。而且，引黄在一定程度上是一种零和博弈：此处引水，彼处的水量就减少了，因为黄河源头或流域的自然降水，是一种刚性的气候容量，所形成的水量是一定的。如果超出自然承载能力，水量的分配只能是此消彼长。另一个例证是北京的用水管理。由于华北地区降水较为有限，水源短缺，为保证北京供水而限制北京周边用水，用水的经济和社会效益可能大幅提升，但从水环境容量上也是一种典型的"零和安排"。南水北调中线工程将汉水流域的气候容量用来补贴北京的气候容量而人为提升北京地区的生态系统承载力。但是，1200公里的调水距离，汉水流域的水循环一旦出现变化，这样一种依靠外部容量扩展的生态系统承载力，就表现出极高的风险和脆弱性。采用工业文明的技术手段和社会治理模式，限制一个地方的美，或利用一个地方的美的资源，来换取或装饰另外一个地方的美，如果超出一定限度，不是尊重自然的表现，也不是一种真正意义上的美。

显然，工业文明理念下改造和征服自然的技术，并不完全符合生态文明和美丽中国建设的需要。生态文明的原则，是要尊重自然，遵循规律。生态文明原则所要求的技术，以尊重生态系统承载能力为前提。例如，提高能效的技术，可再生能源技术，对于生态系统容量空间，并不产生"零和"效果，而是一种真正意义上的容量扩充或承载力提升。当然，提高能效也不是没有止境的，可再生能源的生产也不可能是无限的。例如光热或光伏利用，太阳辐射到地球表面的总量是一定的，我们没有扩大地球表面积的技术。但是，对于有限的光能，我们可以通过技术创新，提高其利用效率。这就意味着，工业文明理念下的技术，一部分可以为生态文明建设所兼容，一部分可以为生态文明理念加以提升和改造。顺应自然，需要遵从生态系统容量空间的刚性约束。生态文明建设和美丽中国所要求的，不是让生态系统容量空间满负荷运行，而是要留有一部分空间余地，让其他生命群落共同分享；还要有一部分，留给我们的子孙后代。

可见，发展经济，需要建立在尊重自然的基础之上。依靠征服自然和改造自然而新增的承载能力，需要在整个生态系统层面进行生产力的评估，承载能力的利用，需要考虑生态系统的转移支付或代价，体现对自然的科学认知和尊重。

保护自然，提升生态安全水平。建设美丽中国，需要在当前技术经济条件下，按照生态系统容量空间范围，发展经济，改善环境。对于社会经济活动的强度和水平已经超出生态系统承载能力的地方，需要"三管齐下"，减少生态足迹，逐步顺应自然，与生态系统容量相适应。

第一，要合理降低社会经济活动强度和水平。退田还湖、退耕还牧、退草还林，减少载畜量，效果最为直接，但是，受到的约束或阻力也可能最大。这是因为，一个地方的社会经济对生态系统产出的需求即生态足迹，也有一定的刚性额度。宁夏西海固地区的气候容量有限，一方水土养不了一方人，这些人去往何处，也必须有相应的容量支撑。北京用水量超出其生态系统承载能力范围，将一部分耗水产业转出北京，对北京的地方财政和就业显然也有不利影响。第二，要着力提升技术水平和改进体制机制。提高资源利用效率，同样的投入，产出提高一倍，甚至更多。在干旱缺水地区培育推广抗旱品种，或者提高单位面积产量，则在不增加甚至减少对资源环境压力的情况下，提高产出，满足社会需要。第三，给自然生态系统以修复空间。长期以来的城镇化、工业化对自然的索取和破坏，使得自然生态系统已经难堪重负，退化严重。保护自然，必须避免违背自然规律的"修复"。在缺水地区美化环境，显然不能选用高耗水的草坪。在干旱地区只适合草类植物生长，植树造林实际上是破坏环境。

建设美丽中国，必须是顺应自然的美，才是真正的美，可持续的美。没有生态系统生产力支撑的人造生态安全格局，看似保护，实际上是破坏。许多地处干旱半干旱地区的城市，为了"美化"环境，采用工程手段建设大面积人工湖，不仅成本高昂，浪费水资源，与自然环境不协调，而且由于水源不能保证，这样的"美"不可持续。许多地方，搞超大广场，超宽马路，毫不吝惜地占用宝贵的生态系统容量空间，破坏自然美。要知道，人工建筑物，具有很大程度上的不可逆特性。具有涵养水源适合生物生存的土壤是数以万年自然过程中形成的产物；人工建造的钢筋混凝土，一旦形成地表景观，要恢复到自然生态系统生产力水平，至少也要数百年时间。

第 二 章

生态文明的发展范式

工业革命以来300年积累的人造物质财富，远远超过了此前人类创造物质资产的总和。显然，随着工业革命而产生、发展并形成的新的人类社会文明形态——工业文明，逐步取代生产力低下的农业文明，人们的价值观念、生产和生活方式、社会组织形式和制度体系，均发生了革命性的变化。然而，在人们创造和享受高额物质财富的同时，人们的生存环境恶化了，清新的空气被污染了，洁净的水源被污染了，重金属污染的土壤所生产的农产品有毒有害了，气候在变暖，资源在枯竭，生态在退化，贫富差距在加大。人们不得不反思：工业文明的发展范式可以持续吗？如果需要一个新的范式，那将是什么？改革开放后的30多年，中国的工业化、城镇化进程突飞猛进，工业文明的发展范式成为主流。伴随着经济快速增长，不平衡、不协调、不可持续的矛盾日益突出。正是在这样一种背景下，中国传统的、历史的、文化的"天人合一"的理念和实践，得到传承、发扬和升华，推动着一种新的发展范式——生态文明——的形成和演进。

◇ 第一节 工业文明批判

工业革命的成功，使得以技术引领、效用为先、改造自然、财富积累、征服世界为特征的工业文明迅速统领世界，传统的农业文明被证明为落后，处于挨打的地位。但是，人们在对工业文明的认知和接受过程中，也不断面临各种困惑，在不断反思：工业文明是人类社会理想的社会文明形态吗？工业文明的一些根本性矛盾和问题，能够得到解决吗？

早在工业革命处于先行引领地位的 19 世纪中叶的英国，经济学和哲学家穆尔对于不断外延扩张的经济就表现出一种不认同。穆尔认为，技术和资本能够改变自然、征服自然，生产和积累不断增多的人造物质财富。但是，他也认识到，这些物质财富的生产和积累，需要占用和消耗自然资源，而这些自然资源也是人类生活的一部分，有其自然的价值，需要保留。因而，他提出了"静态经济"的概念作为一种理想的经济形态①。在这样一种经济形态下，人口数量保持大体稳定，经济总量和规模保持大致稳定，自然环境也保持基本稳定。穆尔所寻求的静态经济，并非是受制于资源约束，他认为资源极限处在"无限的未来"（indefinite distance vol. I，p. 220）。对于人口增长和资本积累，乃至于不断提升的改善生活方式，他认为没有理由期望成为一种无休无止的常态。这是因为，土地不仅是用以生产，也是生活空间和美丽自然的载体。在他看来，充裕的生活空间和自然景观十分重要，因为，"美丽自然的幽静和博大是思想和信念的摇篮，不仅惠益每一个人，而且于社会整体不可或缺"（vol. II，p. 331）。

进入 20 世纪 60 年代，工业文明导向下的经济发展引发的资源枯竭和环境污染，迫使人们考虑工业化和经济增长的边界问题。1962 年，美国海洋生物学家蕾切尔·卡逊出版《寂静的春天》，描述工业社会引以为傲的化学产品——农药的大量且大范围使用可能使人类将面临一个没有鸟、蜜蜂和蝴蝶的世界。卡逊坚持自然的平衡是人类生存的主要力量。然而，工业文明社会里的化学家、生物学家和科学家坚信人类正稳稳地控制着大自然。梅多斯等人从自然资源的刚性约束认为，经济增长已经抵达极限，需要

---

① J. S. Mill, *Principles of Political Economy*, chapter 6, Book IV, 1848.

"零增长"甚至"去增长"即负增长①。英国经济学家皮尔斯也从自然资源价值的角度，认为自然资源除了使用价值之外，还有其选择价值和存在价值。如果一味毁灭自然资源，我们将失去那些尚没有被市场认可的自然资源的选择价值和存在价值。如果说穆尔的"静态经济"具有哲学思考的话，新古典经济学的批判者戴利②则创立了"稳态经济学"，从学理上论证稳态经济旨在保持人口和能源与物质消费在一个稳定或有限波动的水平，即人口的出生率与死亡率相等，储蓄/投资与资产折旧相等。美国经济学家鲍尔丁则明确认可地球的边界约束，提出地球只不过是茫茫太空中人类居住和生活的"宇宙飞船"，世界经济只能是有限空间的宇宙飞船经济③。

自然科学家多从资源的约束和影响来看待文明的变迁。美国电气工程师邓肯④从人均化石能源消费需求数量的测算得出，工业文明的期望寿命只有100年时间。邓肯认为，当今社会处在一个电磁文明时代，离开了电力的供应，工业文明必将崩溃。由于电力依赖于化石能源的开采和燃烧，人均化石能源尤其是石油的消费已经到顶，到2030年，人均化石能源的供给将不足以支撑需求而终止工业文明。当然，他认为，如果有其他的能源接替而且人口也能够得以稳定的话，人类文明可以得以延续。自然科学家戴蒙德⑤分析了人类历史上各种文明的兴衰，考察了历史上消失的43种文明，

① Donella H. Meadows, Dennis L. Meadows, Jorgen Randers, and William W. Behrens III. (1972), *The Limits to Growth*, New York: Universe Books.

② Herman, Daly, *Steady-State Economics*, 2nd edition, Island Press, Washington, DC., 1991, p. 17.

③ Kenneth, Boulding, "The Economics of the Coming Spaceship Earth" in H. Jarrett (ed.), *Environmental Quality in a Growing Economy*, 1966, pp. 3 – 14. Resources for the Future/Johns Hopkins University Press, Baltimore, Maryland.

④ Richard C. Duncan (2005): *The Olduvai Theory: Energy, Population, and Industrial Civilization*, THE SOCIAL CONTRACT, Winter 2005 – 2006, pp. 1 – 12.

⑤ Jared Diamond Collapse: *How Societies Choose to Fail or Succeed*, New York: Penguin Books, 2005.

无外乎有五大类原因，包括环境毁损（如毁林、水土流失）、气候变化、依赖远距离必需资源的贸易、因资源争夺引发的内外冲突升级（战争和入侵）和对环境问题的社会反应。如果历史演变有其自然原因的话，工业文明使得较短时期内上述问题集中重叠出现。

英国哲学家罗素对工业文明的批判，不是源于对资源约束的原因，而是认为工业文明与人性的背道而驰①。在工业社会里，他并不认同主要矛盾是社会主义与资本主义之间的斗争，而是"工业文明与人性的斗争"。他认为工业主义过度浪费世界资源，人类最后的希望应该是科学发展（Scientific Outlook）。罗素关于工业文明对人性摧残的思想，被产生于 1970 年代的生态马克思主义或生态社会主义所继承②。他们指出，在资本主义制度下建立在"控制自然"观念基础上的科学技术是生态危机的根源，认为在资本主义社会出现异化消费现象，提出要建立"易于生存的社会"来解决生态危机。此后，相继出现了经济和生态双重危机论、政治生态学理论、经济重建理论、生态社会主义理论，形成了系统的生态马克思主义理论。尽管生态马克思主义内部观点不尽一致，但他们都试图从马克思主义理论视角揭示生态危机的根源，为人类摆脱生态困境寻找出路。他们关注的核心问题是人类社会与自然的关系，认为资本主义制度和生产方式是生态危机的根源，批判技术理性和异化消费，理想是建立一个人类自由和人与自然和谐相处的社会。他们认为，工业文明下的经济理性只会使劳动者失去人性变成机器；只会使人与人的关系变成金钱关系；只会使人与自然的关系变成

---

① *The Prospects of Industrial Civilization*（in collaboration with Dora Russell），London：George Allen & Unwin，1923.

② 比较具有代表性的是加拿大学者威廉·莱斯分别于 1972 年和 1976 年发表的《自然的控制》（Leiss，William，*The Domination of Nature*，New York，George Braziller inc，1972；McGill-Queen University Press，1994）和《满足的极限》（Leiss，William，*The Limit to satisfaction*，The University of Toronto Press，1976；McGill-Queen University Press，1988）。

工具关系。生态马克思主义批判地吸收了环境主义、生态主义、生态伦理、后现代主义等生态理论，从意识形态的视角，把生态危机的根源归结于资本主义制度本身，试图用马克思主义来引导生态运动，为社会主义寻找新的出路。生态社会主义认为，生态问题实际上是社会问题和政治问题，只有废除资本主义制度，才能从根本上解决生态危机，致力于生态原则和社会主义的结合，力图超越资本主义与传统社会主义模式，构建一种新型的人与自然和谐的社会主义模式。生态社会主义把资本主义基本矛盾提升到"资本主义生产与整个生态系统之间的基本矛盾"，认为生态恶化是资本主义固有的逻辑，因而解决问题的唯一出路就在于粉碎这种逻辑本身。全球化加快了生态危机的转移和扩散。环境问题，早已超过一国一区而成为全人类共同面对的难题。要解决，就必须取得共识；要取得共识，就必须公平；要公平，就必须改变现有不公平的、由资本主义发达国家操纵的国际秩序；要改变现有国际秩序，就只能发展社会主义，因为社会主义的本质正是公平。

从以上分析可见，西方学界从自然的、环境的、哲学的，以及意识形态等不同的侧面，对工业文明的理性提出了质疑和批判，对工业化的弊端认识极其深刻。应该说，这些学者也提出了一些措施和方法，例如人类自觉选择人与自然和谐相处，实现零增长的静态或稳态经济，打碎与工业文明相适应的资本主义制度等。他们意识到，工业文明是人类社会文明的一个阶段，由于其固有的特性，必然要走向终结。有的学者例如保罗·伯翰南在1971年发表的《超越文明》中甚至明确提出："很明显我们站在了后文明的门槛上，当我们解决了今日面对的问题时，我们将要建设的社会和文化将会是一个以前从未见过的世界。它可能或多或少比我们已有的东西更文明，但它一定不会是我们已然了解的文明。"[1] 他虽然预见一个全新的

---

[1] Bohannan, Paul, 1971, The State of the Species, February 1971, *Beyond Civilization*, Natural History-Special Supplement 80.

文明形式即将到来，但没有指明这将是一种什么样的文明。生态马克思主义者也提到社会文明的变革，认为未来社会应该是人类文明史上的一场质的变革，应是一个经济效率、社会公正、生态和谐相统一的新型社会。但是，各种分析多是问题导向，从一个侧面看问题，没有从发展范式上综合考虑分析。因而，上述各种解决方案，在工业文明的范式下，不可能得到全方位的实施。

◇◇ 第二节　生态文明溯源

所谓生态，指生物个体、种群、群落之间以及生物与环境之间的相互关系与存在状态，亦即自然生态，是一种自然属性的体现。而文明则更多的是一种人文属性。早在公元前 100 多年，《易经》就指出文明的真正发祥之地是人体本身之内，《易经·乾卦》中有"见龙在田，天下文明"，唐代孔颖达注疏《尚书》，将"文明"进一步解释为："经天纬地曰文，照临四方曰明。""经天纬地"意为改造自然，属物质文明；"照临四方"意为驱走愚昧，属精神文明。中国古代对文明的认知，显然有别于文化，后者多为人的内在素养的提升，而前者既有物质的，也有精神的成分，是物质与精神的统一体。

西方语言体系中，文明（Civilization）的字面解释源于 *civilis*，即 *civil*，拉丁词根，*civis*，意为市民，*civitas*，意为城市。人集聚在一起，有一定的行为规范，文明就形成了。不论东方还是西方，文明的原本和载体都是人，没有人，自然就没有文明。文明具有开化之意，相对于愚昧而言，形成一种对比。但是，东方语境的文明，更注重人的内在的东西和人的能力的提升，而西方语境的文明，更侧重于人的外在的东西和人与人之间的关系或社会集合体。

然而，人类文明的产生，是与自然交融的结果，不可能有超越自然的文明。一些具有地域特征的文明，例如玛雅文明、古埃及文明、五千年传承不间断的中华文明，是人在一定的地理环境内与地域特征相适应的一种自然、物质和精神的总和。而以特定生产力和生产方式为特征的文明演化，则多具有技术内涵。例如生产力低下的以游猎采摘为生产方式的原始文明和以利用自然进行自主生产的农耕文明。

20 世纪中期，随着西方工业化国家一系列严重环境污染事件的爆发，人们开始反思工业化弊端，关注环境与可持续发展问题。从 1962 年《寂静的春天》的出版，到 1972 年《增长的极限》的发表和联合国斯德哥尔摩"人类环境会议"的召开，再到 1992 年联合国"环境与发展大会"和 2002 年联合国"可持续发展世界首脑会议"的召开等，国际社会一直在寻求一种有别于传统工业化的模式，走经济发展、社会进步、环境保护相协调的可持续发展道路。尽管环境保护与可持续发展已经上升到国家和国际政治层面，但是，所有这些并没有从社会文明形态的高度来思考发展范式问题。从现有文献看，西方最早将生态文明作为后工业文明的一种社会文明形态的是 1995 年美国学者罗伊·莫里森①，但他更多的是关注于民主政治的视角。

在我国，生态文明的概念最早由农业经济学家叶谦吉于 1984 年提出②，从生态学和生态哲学的视角来界定生态文明。如果说科学意义上的自然生态学源于西方的话，那么，哲学意义上的人文生态学已有数千年的历史与传承。早在 2500 多年前，道家鼻祖老子在《道德经》中③就从哲学的高

---

① Morrison, Roy, 1995, *Ecological Democracy*, South End Press, Boston.

② Ye Qianji, 1984, *Ways of Training Individual Ecological Civilization under Nature Social Conditions*, Scientific Communism, 2nd issue, Moscow, 1984.

③ 老子（公元前 600—前 470 年之后），姓李名耳，字伯阳。《道德经·道经第二十五章》。

度提出"人法地，地法天，天法道，道法自然"，意即"人们依据于大地而生活劳作，繁衍生息；大地依据于上天而寒暑交替，化育万物；上天依据于大'道'而运行变化，排列时序；大'道'则依据自然之性，顺其自然而成其所以然。"①显然，老子所阐述的，是人与自然的关系和准则。其关键在于对于"法"的理解。"效法于"是其一，但是，其更丰富的内涵还包括"取决于"、"依赖于"、"遵从于"等。人的生存与发展依赖、取决于大地的生产；而大地"母亲"的生产则依赖、取决于"天"即四季雨水风光；而"天"的运行又取决、顺从于"道"即自然法则、规律；"道"遵从于"自然"，也就是"原本"或自然而然。说到底，人与自然的关系不是工业文明的改造和主宰自然，而是要尊重自然、顺应自然。随后，庄子进一步发展为"天人合一"的哲学思想体系。对这一体系，季羡林解释为：天，就是大自然；人，就是人类；合，就是互相理解，结成友谊，认为是中国文化对人类最大的贡献②。这一思想与西方以高度发展的科学技术征服自然掠夺自然形成鲜明对照。

数千年来，中国的农耕文明传承"天人合一"的生态文明的理念，顺应自然，休养生息，发展经济，在世界发展历史上曾几度创造辉煌，虽天灾人祸，但文明得以传承，延续了世界文明的发展。在工业文明诞生后，先进的科学技术和生产力冲击和打压中国传统的农耕文明，人与自然和谐发展的实践难以抵挡具有强大改造自然能力的工业发展。中国20世纪50年代末的"大跃进"、70年代的"农业学大寨"，以农耕文明的方式，效仿工业文明的行为，笃信人定胜天，破坏自然环境，引起水土流失、资源退化、

---

① 此解读源自于中国文明网，国学堂【国学经典·一日一句】。www. wenming. cn，2010 - 01 - 07。

② 见百度词条"天人合一"：http://baike. baidu. com/view/4259. htm? fr = aladdin。

生态失衡。中国 1980 年代所开始的生态文明讨论和生态经济学研究①，实际上针对的还是生态退化，而不是环境污染和资源尤其是化石能源枯竭。由于没有工业化产生的高能耗和高污染，生态退化是可逆的。

进入 21 世纪，中国的快速、大规模工业化进程，已然超出了资源和环境的承载能力。中国商品能源消耗总量在 1980 年只有 6.5 亿吨标准煤，在 2014 年，已经达到 42.6 亿吨。1992 年，中国还是原油净出口国，2014 年，中国进口石油超过 3.4 亿吨，进口煤炭 3 亿吨②。中国大面积雾霾、河流湖泊污染、土壤重金属毒化、北方地下水超采、南方大量优质耕地资源被占，不可逆的工业化和城市开发，凸显工业文明日趋加重的灾难。改革开放前中国的农业生产格局是南粮北调，现在已变成（东）北米南运。

亦步亦趋的工业化，物质财富快速增长，但生态失衡出现了质的突变。因而，生态文明重新被提上议事日程，并被放在突出地位。2002 年，中国共产党第十七次全国代表大会明确提出了生态文明的建设任务，推进了理论界多学科对生态文明广泛深入的研究。

◇ 第三节　生态文明内涵

从字面上理解，生态与文明是自然属性与人文属性的集合，核心是人与自然的关系问题。之所以将生态文明的界定追溯到古代中国哲学的"天人合一"思想，原因就在于需要理解并界定人与自然的关系。

人与自然的关系，最直接和最根本的是价值观问题：如何看待自然。东方先贤的"天人合一"观，强调人与自然一体，人是大地"母亲"的一

---

① 1984 年 2 月，中国成立中国生态经济学会，较之于 1989 年成立的国际生态经济学会，早了 5 年。

② 国家统计局：《2014 年国民经济和社会发展统计公报》，2015 年 2 月 26 日。

部分，必须尊重和顺应自然。人不是自然的主宰，不应该去改造和征服自然，与自然是平等的、和谐的；对待自然，人需要理性、公正。人们所追求的，并非是非自然的物质财富的无限积累，而是要认同并尊重自然的价值。如果说尊重和顺应自然是一种生态公正的话，天人合一的价值观还包括社会公正，即对人的权利的尊重和对自然资源收益的公正分享。生态公正和社会公正相辅相成，构成生态文明的价值基础。一般狭义的、文化理念上的理解，多限于价值理念，强调人是自然界的一员，在思想观念上，人要尊重自然，公平对待自然；在行为准则上，人的一切活动要充分尊重自然规律，寻求人与自然的协调发展。

广义的生态文明不仅包括尊重自然、与自然同存共荣的价值观，也包括在这种价值观指导下形成的生产方式、经济基础和上层建筑即制度体系，构成一种社会文明形态，是"人与自然和谐共进、生产力高度发达、人文全面发展、社会持续繁荣"的一切物质和精神成果的总和。

在生产方式上，不是一种从资源经过生产过程到产品和废弃物的线性模式，而是以生态理性为前提，寻求物质产出的效率，而非简单的产出最大化的效益。这就要求摒弃低效粗放掠夺和破坏自然的生产方式，以资源高效利用和最低环境影响的方式从事生产，实现一种从原料经过生产过程到产品和原料的生产模式。在消费方式上，不是以追求占有、奢华和浪费的生活为目的，而是以绿色、节约、健康、理性和品质的方式进行生活。满足人的基本物质需求是有限的，但是人的欲望具有无穷尽的一面。生态文明的生活方式，并非是要节衣缩食，退回到农耕文明时代的原始生活，而是在保障基本的物质需求的基础上，抑制不必要的物质占有和消费欲望。由于生活方式决定的需求反作用于生产方式，因而，生态文明的生活和消费方式是生态文明的伦理价值的具体反映和体现。

在最终目标上，追求的是人的全面发展和人的生活品质保障。当代的生态文明，并不是2000多年以前的被动的顺应自然，而是在现代科学技术和对自然的认知水平上的天人合一。自然的美丽和博大不仅是思想的摇篮，也是生活品质的必要元素。美丽自然也并不是要经济的萎缩和社会的凋零，相反，维系自然的美丽也需要经济繁荣和社会稳定。现代科学技术和经济发展水平上的天人合一，是一种人与自然、人与人、人与社会和谐一体的理想境界。

在制度体系构建上，有一套行之有效的尊重和保护自然、促进社会公正、规范生产和生活方式、保障人文发展的体制机制。价值观需要制度的规范和引领。生态文明的生产和生活方式的形成和发展，也必须要有系统的体制机制约束和导向。人的发展和生活品质，同样需要相应的标准、规则和法律体系构架。资本主义制度体系的构建，不仅是工业化进程的产物，也是工业化进程顺利推进的保障。如果没有市场体系的建立和法制规范的完善，资本主义的发展也不可能那样高效和有序。

从以上讨论可见，生态文明作为一种发展范式，其核心要素是公正、高效、和谐和人文发展。公正，就是要尊重自然权益实现生态公正，保障人的权益实现社会公正；高效，就是要寻求自然生态系统具有平衡和生产力的生态效率、经济生产系统具有低投入、无污染、高产出的经济效率和人类社会体系制度规范完善运行平稳的社会效率；和谐，就是要实现人与自然、人与人、人与社会的包容互利，以及生产与消费、经济与社会、城乡和地区之间的平衡协调；人文发展，主要包括生活的尊严、品质和健康。各个要素之间也是互相关联的：公正是生态文明的必要基础，效率是生态文明的实现手段，和谐是生态文明的外在表现，人文发展是生态文明的终极目的。

◇ 第四节　生态文明的定位

中国对于生态文明的认知，也经历了一个不断深化和明确的过程。首先，生态文明与物质文明、精神文明和政治文明是一种什么样的关系？在中国特色的社会主义现代文明体系中，生态文明相对于物质文明、精神文明和政治文明，是较晚出现的新名词。党的十七大明确指出："建设生态文明，基本形成节约能源资源和保护生态环境的产业结构、增长方式、消费模式"，促使生态文明观念在全社会牢固树立。生态文明被赋予了与其他文明同等重要的地位①。以往，人们对生态文明的理解是一种具体意义上的理解，多限于自然保护、资源节约和污染控制。正如胡锦涛在十七大之后所指出的："建设生态文明，实质上就是要建设以资源环境承载力为基础、以自然规律为准则、以可持续发展为目标的资源节约型、环境友好型社会。"

从这一意义上讲，生态文明与物质文明、社会文明、精神文明、政治文明并列，共同构成社会主义"五位一体"的建设格局②。经济建设、政治建设、文化建设、社会建设和生态文明建设，它们之间相辅相成，不可偏废。良好的生态环境是社会生产力持续发展和人民生活品质不断提高的重要基础；建设生态文明，也需要以物质文明、精神文明、政治文明为重要条件。更重要的是，经济、政治、社会和文化建设均涉及生态文明建设的内容，需要将生态文明融入经济、政治、社会和文化的各个方面和全过程。也有人认为，生态文明是传统文化的发扬。许多学者从儒释道中探究生态文明的文化渊源，认为儒释道从不同的角度阐释了人与自然的关系③。"天人合一"的生态伦理思想，尊重自然、兼爱万物，以及人与自然相互和谐等价值取向，蕴含着丰富的生态文明思想，对于建设当代生态文化体系有

---

① 余谋昌：《生态文明是人类的第四文明》，《绿叶》2006年第11期；赵建军：《建设生态文明是时代的要求》，《光明日报》2007年8月7日。

② 胡锦涛：《坚定不移沿着中国特色社会主义道路前进 为全面建成小康社会而奋斗》。

③ 任俊华：《论儒道佛生态伦理思想》，《湖南社会科学》2008年第6期；博士学位论文，中共中央党校研究生院，2008级；康宇：《儒释道生态伦理思想比较》，《天津社会科学》2009年第2期。

重要的借鉴意义。

生态文明作为一种发展范式，是一种一般意义上的理解。因而生态文明不仅仅是一种价值观，而是一种体现价值观、固化价值观于生产关系和上层建筑的社会文明形态，其中必然包含与之相适应的物质文明、精神文明和政治文明的内容。生态文明既包含生态经济、绿色循环技术、工具、手段和成果、生态福利等物质文明的内容，也包含生态公正、生态义务、生态意识、法律、制度、政策等精神文明的内容，还包含生态民主等政治文明的内容。从这个意义上看，生态文明具有统领性和整体性。这就意味着，生态文明是人类社会的一个新的发展阶段，如果以技术特征作为衡量指标，是原始文明、农业文明和工业文明之后的新阶段①。从时间进程上看，原始文明约在石器时代，人们必须依赖集体的力量才能生存，物质生产活动主要靠简单的采集渔猎，为时上百万年。农业文明时期，铁器使人改变自然的能力产生了质的飞跃，为时一万年。工业文明是 18 世纪英国工业革命开启的人类现代化社会，为时三百年，其资源消耗的方式和对环境的破坏，表明这一社会文明形态不可能像原始和农业文明那样长期持续，因而亟须呼唤一种新的社会发展范式或文明形态。但是，从社会形态的角度看，生态文明与以生产关系作为衡量指标的奴隶文明、封建（中世纪）文明、资本主义文明、社会主义文明等社会文明形态似有不同，强调人类共同的未来。

绿色经济、循环经济、低碳经济与生态文明建设是一种什么关系呢？从概念上看，绿色经济是以绿色发展为导向和测度，以维护人类生存环境、减少和消除污染、保护生态系统、推进能源可持续利用以及有益于人体健康为特征的生产与消费经济体系。循环经济指在人与自然的大系统内，在

---

① 持这种观点的学者很多，例如：俞可平：《科学发展观与生态文明》，《马克思主义与现实》2005 年第 4 期；李红卫：《生态文明——人类文明发展的必由之路》，《社会主义研究》2006 年第 6 期。

资源开采、产品加工、消费及其废弃的全过程中，通过减量、再生和再利用，使依赖资源消耗的线形增长的传统经济，转变为具有一定封闭循环特征的经济体系。低碳经济是指碳生产力和人文发展均达到一定水平的一种经济形态，旨在实现控制温室气体排放和地表温升与工业革命前相比不超过2℃的全球共同愿景。生态经济则是利用生态学原理，通过生态设计和工程技术手段来满足人类社会发展需要而又能够维系生态平衡的经济体系。可见，这几个概念都是从某一个方面来强调提高资源能源利用效率，减少污染物排放，实现可持续发展。而生态文明作为人类文明形态，是从总体上强调人与自然的和谐发展。绿色经济、循环经济、低碳经济和生态经济都是从某一方面建设生态文明的途径和手段[1]。

作为一种文明形态，生态文明具有统领性、整体性、多元性、包容性和可持续性等鲜明的特征。任何社会文明形态，都是一定社会发展阶段的物质与精神成果的总和，都具有统领地位和整体性特征。超越工业文明的生态文明，必须有与之相适应的物质文明、精神文明和政治文明。社会文明建设的其他内容，例如物质文明，不具有统领地位，处在生态文明规定下的从属地位。生态文明需要建立在一定的物质文明的基础之上，并对物质文明加以引领和约束。不仅如此，在任何文明形态下，所涵盖的内容十分全面，而这些内容并不是零散的、互不关联的，而是一个整体。但是，生态文明的整体性更多地涵盖了自然生态的内容，将生态系统与经济、社会系统并列，具有同等地位；而工业文明只是将自然系统当作被利用、被改造的对象。

生态文明与其他文明形态一样，具有多元性和包容性。生态文明并不是对农业文明和工业文明的简单否定，而是一种改造和提升，包容吸纳了

---

① 有关论述见张凯《发展循环经济是迈向生态文明的必由之路》，《环境保护》2003年第5期；刘湘溶：《经济发展方式的生态化与我国的生态文明建设》，《南京社会科学》2009年第6期。

农业文明和工业文明的科学内容。生态文明最鲜明的个性特征是可持续性。农业文明和工业文明均有不可持续问题，对生态退化、环境污染视而不顾、束手无策，生态文明强调和谐绿色，尊重自然，不仅保障自然生态的可持续，而且也要求经济社会发展的可持续。

◇ 第五节　对工业文明的否定?

前面已经提到，生态文明作为一种源于中国古代哲学和生产实践的发展范式，具有多元性和包容性。社会文明形态的形成、发育和演替过程是渐进的，具有融合、重叠与交织。也就是说，人类社会每一个阶段，常常有几种文明形态共存，相互汲取，又相互竞争，其中有一种文明形态逐渐占据优势地位，形成一种具有鲜明特征的发展范式。人类文明演进的历程表明，在社会的一定阶段，总有一种文明形态起着主导作用，其他形态居次要地位。

如果说工业文明自身的局限和弊端呼唤一种新的文明形态，是否意味着工业文明的全部要素需要被否定或取代呢? 源于工业革命而发展和形成的工业文明诞生于农业文明的环境，由于科技创新、化石能源利用和生产工具的巨大改进，工业文明使人类在利用资源方面摆脱了农业文明时期敬畏自然、"听天由命"的"必然王国"。以化石能源为动力的工业化进程，大幅提升了社会生产力，创造出人类社会发展所需的巨额物质财富，并从根本上变革了农业文明的观念认识、文化形态、生产生活方式，并在制度上加以强化和固化，实现了社会发展范式的重大转变，使得经济、政治、文化、生活环境、社会结构和人的生存方式都发生了翻天覆地的变革。以敬畏自然、低下的生产力和城市化水平、自给自足、节俭生活等为特征的农业文明逐步为社会所放弃，取而代之的是以功利主义为价值基础，以技术创新为引领，以征服自然、获取资源、高额消费相对应的生产方式、生活方式和社会制度结构为特征的工业文明，成为工业社会的主导文明形态。

然而，功利主义和拜物教的价值观，化石能源的有限性，从原料到产品到废弃物的线性生产方式，以及收入分配两极分化、追求奢华浪费的病态消费方式，使工业文明陷入了资源枯竭、环境污染、生态退化和社会矛盾的一个危机四伏的困境，工业文明难以为继，一种新的、可持续繁荣的发展范式也就在孕育之中了。认识工业文明的极限和弊端，反思工业文明的价值观以及因此而塑造的工业文明的生产生活方式，改进工业文明的制度体系，客观上需要一种全新的发展范式。尽管农耕文明的一些要素，例如敬畏自然具有积极意义，但是，人类文明的演化，不可能也不必要退回到"刀耕火种"的物质极度匮乏的农耕社会文明形态。用人与自然和谐的价值观制度要求对工业文明进行改造和提升，一种新的社会文明形态或发展范式也就形成了。这种文明的演进历程，意味着生态文明对工业文明不是一种简单的否定或替代，而是一种"嫁接"和"扬弃"。生态文明建设需要继承和发展工业文明的科技成果和管理手段，吸收工业文明中某些制度和机制中激励创新保障效率的合理成分，摒弃工业文明的价值观，改进不合理的生产方式和生活方式。

认可并实现生态文明的发展范式，是否意味着要终止或废除工业化？这是一种误解。中国的工业化已经取得长足进展，但是，工业化水平尚处在工业化的中后期阶段，发展水平仍显低下。一方面，生态文明并不是要束缚生产力，不是要打压和终止发展。另一方面，工业文明的发展范式已经难以为继，不可持续，必须转型。工业化解放生产力创造和积累社会物质财富，不仅不应否定，而且还必须继续。但是，我们要继续的，不是传统的高污染、高消耗、低效率的工业化，而是环境友善的、高品质的、可持续的工业化。这就需要利用生态文明的发展范式改造、提升和重塑工业化。由于文明发育是一个进程，发展范式的转变也有一个从量变到质变的过程。生态文明建设并不是要等到工业化完成之后才能启动。相反，要尽早塑造并强化生态文明的价值观，改进生产生活方式，消除工业文明的弊端，避免使我国经济社会发展陷于不可持续的境地。

如果说工业文明和生态文明是两种不同的发展范式，两者的区别何在呢？首先是价值理念或伦理基础。英国工业革命初期苏格兰启蒙运动的领军思想家休谟①在《人性论》中从道德情感层面构建了功利主义，随后英格兰思想家边沁②感觉到了功利主义的强烈说服力，提出了"最大多数人的最大幸福"即"最大幸福原则"。哲学家、经济学家穆尔在他晚年写的《功利主义》（1861）中认为人类有为别人的福利而牺牲自己的最大福利的能力，如果是不能增加幸福总量或没有增加幸福总量的倾向的牺牲，不过是白费。他强调功利主义在行为上的标准的幸福，并非行为者一己的幸福，而是与此有关系的一切人的幸福。当你待人就像你期待他人待你一样和爱你的邻人就像爱你自己一样，那么，功利主义的道德观就达到理想完成的地步。显然，幸福是物质的、现实的，如果环境或资源中的一些成分不能带来幸福，就没有效用。而且，效用又是通过市场来实现的。如果没有市场价值，或市场价值较小，就需要让位于有效用或效用较高的用途。生态文明的伦理基础沿袭中国古代哲学思想，寻求生态公正和社会公正。人是自然的一分子，不能为了自己的幸福而破坏自然。尽管功利主义讲个人集合体 —— 社会的最大幸福，但是，并没有注重人与人、人与社会的公平。一些科学家的思想例如达尔文的《物种起源》，以科学的方式，演绎分析，强调物竞天择、适者生存，而以此为学理依据的社会达尔文主义，不仅忽略社会弱势群体的利益，甚至被种族主义者用来推行种族歧视政策。

---

① 大卫·休谟（David Hume，1711—1776 年），苏格兰哲学家、经济学家和历史学家，他被视为苏格兰启蒙运动以及西方哲学历史中最重要的人物之一。

② 杰里米·边沁（Jeremy Bentham，1748—1832 年），英国法理学家、功利主义哲学家、经济学家和社会改革者。

从目标选择上，工业文明的发展范式寻求利润的最大化、财富积累的最大化、效用的最大化，导致全社会对 GDP 的膜拜，对利益的追逐。而生态文明作为一种发展范式，目标在于人与自然的和谐、环境的可持续和社会繁荣，并不计较货币收益和物质资产的积累。实际上，生态文明更注重自然资产，不用维护投入，自然保值增值，而人造资产却存在需要大量维护成本而且不断折旧贬值。

从能源基础上看，工业文明依赖于化石能源，而生态文明强调可持续，寻求可持续能源转型。当然，生态文明发展范式的能源生产与消费，不是返回农业文明下的对可再生能源的低效、低品质利用，而是高效、高品质的商品能源服务。工业文明不认可或忽略发展的边界，可以不断外延扩张，不存在资源的刚性约束。生态文明的范式明确认可存在自然的极限，遵循刚性约束。

从生产和生活方式上，工业文明下的粗放的原料—生产过程—产品加废料的线性模式与生态文明下的高效的原料—生产过程—产品加原料的循环模式形成鲜明对照。工业文明下的消费，是占有型、浪费型的高额消费，而生态文明下的消费，是低碳、品质、健康的理性消费。

生态文明与工业文明的这些不同，正是需要对工业文明加以改造和提升的地方。而工业文明的许多优势，生态文明不仅要继承，而且还要进一步发展。例如工业文明的创新和技术引领，生态文明当然需要。但是，对于技术，生态文明的发展范式要加以甄别。对于提高效率有助于可持续的，需要鼓励，而对于一些破坏自然浪费资源的技术，例如攀比大楼高度的技术，就需要加以限制甚至禁止。功利主义原则下的工业文明的制度体系，例如民主、法制、市场机制，可以直接移植或嫁接到生态文明的发展范式。但是，生态文明的范式也有着自身特有的制度内容，例如生态补偿、生态红线、自然资源资产负债评估和考核等。

◇ 第六节　生态文明建设

在对工业文明的反思和批评中，绿色发展和环境保护也在实践中不断推进。在国内政治层面，一些国家在绿色生态思潮的推动下，生态运动也在政治和社会文化领域兴起。1972 年 5 月，新西兰成立了世界上第一个全国性绿党——价值党。1980 年，德国成立了有明确政治纲领的"绿党"，明确提出生态社会主义的口号。此后，绿党在工业化国家不断发展壮大，曾在西方近 20 个国家的议会中拥有议席，一些绿党还取得过执政地位。1990 年代的生态社会主义明确提出了"红色绿党"的新概念，提出了生态社会主义的政治、经济、社会和意识形态等主张，形成了生态社会主义的思想体系和政治纲领。

由于环境和可持续关乎人类共同未来，而且环境与发展存在明确关联，可持续发展在国际政治层面成为一项越来越重要的议题。1972 年，联合国在斯德哥尔摩举行第一次环境会议，寻求解决人居环境的污染和破坏的良策。环境问题敲响了警钟，也推进了对工业文明下发展范式的思考和批判。1980 年代中期世界环境与发展委员会提交的《我们共同的未来》报告，第一次界定可持续发展的三大支柱：社会公平、经济效率和环境可持续。1992 年，联合国在巴西里约热内卢举行环境与发展会议，提出了全球可持续发展的《21 世纪议程》，签署了气候变化、生物多样性保护等国际公约，将全球环境保护纳入了国际法制轨道。

2000 年，联合国制定千年目标，旨在消除贫困和保障社会经济发展的自然资源供给。2012 年，联合国在巴西里约热内卢举行可持续发展峰会，绿色转型成为核心议题，不仅是要与贫困宣战，还明确要求制定可持续发展目标，将可持续生产和消费以及制度保障等纳入目标范围。这些国际进程，应该说对中国的环境保护具有积极的推动作用，但是，中国的生态文明建设，针对的是出于国内发展转型的迫切需要和对全球生态安全的负责任贡献。

中国工业化进程起步较晚。尽管工业革命后中国也学习西方，引进了一些技术建立了一些产业，但我国从半殖民地半封建社会、新民主主义社会进入社会主义的初级阶段，中华传统文明受到西方工业文明的冲击和影响，中国的工业化带有很强的被动色彩。新中国成立后，中国处于相对落后的农业国地位，解决温饱问题成为首要挑战，对自然的破坏还是传统的、可逆的。因而环境保护和生态文明建设没有作为重要关注议程。

改革开放后，邓小平提出三步走战略。20 世纪末已经实现前两步目标，2000 年国民生产总值为 1980 年的 5.5 倍，超过了"翻两番"的目标，人民生活达到小康水平。第三步目标是，到 21 世纪中叶，人民生活比较富裕，基本实现现代化，人均国民生产总值达到中等发达国家水平，人民过上比较富裕的生活。

从收入上看，按世界银行分类标准，2013 年中国人均国民收入水平超过 6000 美元，逼近中上等收入水平。但是，第三步目标的实现，不仅仅是"全国人均"概念，更需要社会收入的相对公平。2013 年，城镇居民人均可支配收入是农村居民的 3.13 倍。城乡差距、贫富悬殊和地区差异客观上呼唤着消除收入鸿沟，实现共同富裕。

从工业化、城镇化进程看，中国当前的发展阶段也到了经济社会转型的关口。根据人均收入和经济结构的数据分析，2010 年，北京、上海、天津已经步入后工业化阶段；长三角、珠三角和环渤海的一些省份也已处于工业化后期阶段。2013 年，我国钢材产量达到 8.83 亿吨，水泥 20.9 亿吨，我国能源消费总量位居世界第一，超过美国 20%，超过欧盟 27 国总量的 50%。原油对外依存度超过 55%，铁矿石进口达 6.86 亿吨。这些数据表明，我国原材料工业和制造业的数量扩张，不论是从资源还是从市场角度，空间都十分有限。生产方式和生活方式必须转型。工业化助推了中国的经济发展和现代化建设，但以利润导向、破坏环境、忽略公平和浪费资源为特征的工业文明显然不是社会主义的价值取向。

2013年，我国城市人口已达7.2亿，占全国总人口的53.73%。这就意味着，我国在总体上已步入城市社会时代。中国的城镇化进程仍将继续，可望在2030年达到70%左右，城镇人口超过10亿。如果我们追随发达国家的城市生产和消费格局，资源环境不可能支撑城市发展方面简单的规模扩张。全球绿色增长、可持续发展潮流汹涌。中国作为负责任大国，不仅要保障中国的可持续发展，还要为全球可持续发展做贡献。

从当前的工业化阶段、城镇化水平和全球可持续发展的需要看，我国经济社会发展所面临的"不平衡、不协调、不可持续"的严峻挑战，严重制约着我们第三步目标的实现。中国特色的社会主义，不可能也不应该全盘套用资本主义的"工业文明"，而是要在充分汲取工业文明的科学合理内容的基础上，以生态文明推进中国经济社会的绿色转型，实现可持续发展。

因而，中国生态文明的提出，是在工业化进程快速推进、工业化弊端开始凸显的时候。进入21世纪，中国明确提出建设小康社会，将生态建设作为一项目标纳入决策议程，但是，并没有提升到社会文明形态的高度。2002年，党的十六大把建设生态良好的文明社会列为全面建设小康社会的四大目标之一，提出建设"可持续发展能力不断增强，生态环境得到改善，资源利用效率显著提高，促进人与自然的和谐，推动整个社会走上生产发展、生活富裕、生态良好的文明发展道路"。2005年，胡锦涛在人口资源环境工作座谈会上提出"完善促进生态建设的法律和政策体系，制定全国生态保护规划，在全社会大力进行生态文明教育"。

2007年，党的十七大召开，胡锦涛在十六大确立的全面建设小康社会目标的基础上，对发展提出了新的更高的要求：增强发展协调性、扩大社会主义民主、加强文化建设、加快发展社会事业、建设生态文明。胡锦涛进一步明确提出了生态文明的主要目标："循环经济形成较大规模，可再生能源比重显著上升。主要污染物排放得到有效控制，生态环境质量明显改善。生态文明观念在全社会牢固树立"。2008 年 1 月 29 日，中共中央政治局第三次集体学习时提出："贯彻落实实现全面建设小康社会奋斗目标的新要求，必须全面推进经济建设、政治建设、文化建设、社会建设以及生态文明建设，促进现代化建设各个环节、各个方面相协调，促进生产关系与生产力、上层建筑与经济基础相协调。"

通过加强生态文明建设，为人民群众提供清新的空气、洁净的水质、肥沃的土地、优美的环境；增强发展协调性、推动实现经济又好又快发展；强化生态民主建设，扩大社会主义民主、保障人民权益和社会公平正义；加强生态文化建设，提高全民族生态文明素质，推动人文全面发展；建立生态补偿机制，实现生态公正，优化收入分配格局、缩小贫富差距、推动区域平衡发展。

提高生态效率，增强国家经济技术竞争力。以清洁能源技术、资源循环利用技术为主要内容的新的产业和科技革命浪潮已经到来，以提高能源资源利用效率和减少环境污染为核心的生态效率，将是未来国际产业竞争的制高点。要构建结构优化、生态高效、资源节约、环境友好的产业体系，开拓生态型新兴产业，增强经济发展的活力、国际竞争力和可持续发展能力；加强以提高生态效率为核心的自主创新能力，在清洁能源、循环经济和环境保护技术和产业上形成核心竞争力，引领国际技术发展浪潮；建立完善生态经济发展的经济制度、体制机制和市场体系。

加强生态安全，保障国家非传统安全。以能源安全、资源安全、环境安全为主要内容的非传统安全已经上升为国家安全的主要方面，加强生态文明建设，是保障国家安全的有力措施。要提高能源利用效率，发展可再生能源，保障国家能源安全；发展循环经济，推行资源综合利用，保障水资源、国土资源、矿产资源供给安全；加强生态保护和建设，强化环境治理，保障环境安全。

贯彻生态公正原则，促进区域协调发展，调整收入分配。保障生态公正，使人民享有生态民主、生态福利和生态义务，推动区域协调发展，缩小收入分配差距。要优化落实生态功能区划，突出区域生态特色，优化产业合理布局，加强区域间生态经济联系；推行生态定价，实施生态补偿，建立能反映生态稀缺性的市场机制，缩小区域间、群体间由于生态功能差异导致的发展差距和贫富不均；实行政府生态采购，利用公共财政，引导生态保护和建设。

强化生态文化建设，倡导理性消费，增强国家软实力。要倡导生态伦理，普及生态意识，将生态意识上升为民族意识、主流思潮和时尚观念，形成关注生态、保护生态、理性消费的风潮；丰富生态文化建设内涵，挖掘传统生态文化，结合生态文明建设需求，构建系统的中国特色的生态文化体系；加强生态文化宣传和对外推广，引领国际舆论话语权，增强中国文化软实力，提升国际地位。

第 三 章

可持续工业化

工业化是工业文明的动因和载体，工业化进程标志着工业文明发育演化的方向和程度，同时也揭示着工业文明的空间约束和转型需求。工业化阶段是经济发展水平的综合体现。我们处在一个什么样的工业化阶段？如果说中国还处在工业化的后期或者中期的话，按照常规的工业化发展进程，我们的工业化的规模还有多大的空间？在资源环境约束条件下，生态文明的发展范式是否可以改进和提升工业化进程，推进工业发展的转型升级？

◇ 第一节 工业化进程

工业化是一个过程，具有方向性和阶段性。传统农业社会，产业单一，以农业为主导产业，商业服务业处于相对从属的地位。工业革命后，工业生产不受自然周期和自然生产力的制约，生产效率高，资产积累多，收入提高快。工业在一定程度上超越了自然，因而在国民经济中的地位不断提升，市场拓展迅速，因而商业服务业的规模迅速扩大，由从属走向主导地位。

从产业结构变化的意义上讲，由于经济扩张的增量主要来自于工业，因而所占比重不断加大。发展工业，可以以农业为基础，从农业原材料到加工业制造业服务业，多以农产品为原料，纺织业和食品加工业，制造过程劳动力密集，产品为生活必需。英国最早也是通过纺织业起步发展工业。张培刚在 1940 年代提出的经济发展理论，就是将农业作为产业的一部分，一体发展①。但是，工业制造业可以不需要农业产品为原料，例如钢铁、化工、水泥等重化工行业和产品，以及进入 20 世纪的交通设备和消费品、家用电器等。因而，美国经济学家刘易斯主张通过发展工业来实现经济发展，不受自然产出的影响，可以提高速度，可以加大规模，从而实现快速发展。

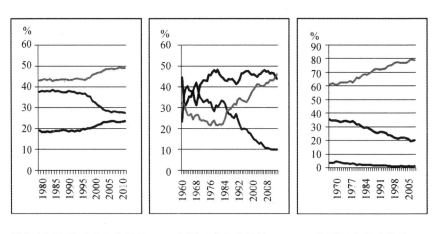

低收入国家的三次产业结构　　中国三次产业结构　　美国三次产业结构

图3—1　不同发展阶段经济体产业结构的演化

资料来源：世界银行数据库。

从三次产业结构看，工业化进程最典型的变化是农业在国民经济中的地位不断下降的过程。即使是最不发达国家，农业所占国民经济的份额也是在不断下降，到高度发达的经济体，农业所占比例低至 1%（见图3—1）。服务业的比例，只有在发达经济体，其地位才稳定并处于高企，占据 2/3 甚至更高，而在发展中的经济体，则经历着一个先高后低的过程。尽管工业

---

① 张培刚：《农业与工业化》，美国哈佛大学出版社 1949 年英文版初版，1969 年再版；华中工学院出版社 1984 年中文版初版、1988 年再版。

发展是工业化进程的动力所在,但是,工业所占比例多不超过50%,在农业社会的低收入国家和发达社会的高收入国家,所占比例均可低至20%以下。从三次产业结构上看,工业发展所拉动的服务业,是主动的、可持续的、不断增长的,不同于农业主导的经济体系中的服务业,具有被动或从属特性。第二产业的内部结构是划分工业化初期、中期和后期的关键所在。在工业化初期阶段,工业内部结构以食品、烟草、动植物纤维纺织制造、采掘、建材等非金属矿产品、橡胶制品、木材加工、石油、化工、煤炭等部门初级产品的生产为主,这一时期的工业制造业主要以劳动密集型产业为主。在工业化中期阶段,制造业内部由轻型工业的迅速增长转向重型工业,例如钢铁、水泥、化工、机械制造等的迅速增长,非农业劳动力开始占主体,进入重化工业为特征的发展阶段,支撑大规模的基础设施建设和投资,资本密集度大幅提高。在工业化后期阶段,第三产业开始由平稳增长转入持续高速增长,并成为经济发展的主要推力,但是,此时的服务业不是传统的服务业,而是高资本和高技术含量的新兴服务业,包括金融、信息、广告、公用事业、咨询服务等。

在工业化过程基本完成后,即进入后工业化社会。此时,制造业内部结构由资本密集型产业为主导向以技术密集型产业为主导转换,生产性服务业,例如工业设计迅速发展,从而使第三产业占比不断提升,而第二产业占比下降到30%甚至20%以下。物质产品得到极大丰富,生活消费便捷享受。

进入后工业化阶段,出现的一个明确趋势是工业占比的持续下降。例如,美国从1980年代开始,第二产业在国民经济中的占比持续下降,累计超过15个百分点。这一工业制造业相对萎缩的现象称为"逆工业化"或"去工业化"[①]。相对于工业化进程,逆工业化则是一个相反的过程,是在工业化后期或后工业化阶段,在一个经济体内去除或减少工业产能或制造

---

① Cairncross, A.: "What is deindustrialisation?" in: Blackaby, F (Ed.) *Deindustrialization*, London: Pergamon, 1982, pp. 5 – 17.

业——尤其是重工业或制造业——的活动,从而引发的社会和经济变化。从理论上讲,逆工业化可以是一个积极的变化,例如在经济成熟或饱和的情况下的一种积极调整,也可能是经济竞争力下降所致。由于制造业生产力提高,在其他行业或要素不变的情况下,制造业产品的相对成本会下降,而且,生产企业通过外包或转移生产的方式,压缩其生产规模。结果使得制造业在国民经济中的比重下降,但对经济并没有不利影响。

全球化和经济结构的主动调整或重构对一些工业化国家的逆工业化有着巨大贡献。由于交通、通信和信息技术的现代化,经济全球化鼓励国外直接投资、资本流动和劳动力迁移,制造业就会转移到要素禀赋具有竞争优势或成本较低的国家或地区,而这些空位会被现代服务业所替代,从而在经济总体趋好的情况下,工业比重不断下滑,而服务业比重不断攀升。这种逆向工业化进程导致工业化国家劳动密集型产业就业岗位的减少。始自于1980年代的贸易自由化协议谈判和签署,使得劳动力密集型产业转移到劳动力工资和相关标准较低的发展中国家。从某种角度上讲,中国改革开放后的快速工业化进程,始于1980年代初的沿海外向型经济,即原材料和市场均在国外,利用廉价劳动力和宽松的规制在沿海城市生产。当然,还有一个重要因素,就是技术进步使生产力提高,例如工业自动化和数字控制,减少或替代了大量的劳动力,使制造业的就业比重不断下滑。

工业化发展也是单位产品物质消耗减量化的过程。第一次工业革命时代的蒸汽机技术,体积大、物耗高、能耗大、排放多。第二次工业革命通用的电动机技术,将工业化带入电气时代,汽车、飞机、快艇,同等功力的设备体积大幅缩小、性能大幅提高,同等功力的机器设备物耗降低、能耗下降、排放减少。进入第三次工业革命时期,计算机成为引领的通用技术,工业化进入信息时代,使得第二与第三产业的边界模糊。采用复合材料、纳米材料,使用新能源汽车、信息网络,有线固定电话甚至到了被淘汰的边缘,信息时代的效率更高、物耗更低、排放更少。

但是，单位产品物耗的减少并没有降低工业化对自然资源的需求和污染物的排放。原因很简单：产品生产规模扩张进度远高于物质减量化的速率。例如，一百年前，一千人平均拥有不到一辆汽车，而现在，不仅人口增加，而且每千人汽车拥有量成十倍乃至于成百倍地增加，但是，汽车能耗和物耗下降的幅度，也就提高了50%或最多一倍。在蒸汽机时代，人们鸿雁传书；在电气时代，人们电报电话；到了信息时代，人们网络互联。效率提高了数十倍甚至更多，可是人们感觉自然资源和环境容量的物理边界约束更明确了。这其中，也有技术的"反弹效应"。在家书抵万金的时代，人们不可能每天书信往来；电话联通，也是按时计费；而在互联网环境下，一个人一天可以处理数十封邮件，微信没有成本、时间、空间的约束。因而，工业化也是生活品质不断改善、生活节奏不断提速的过程。

工业化还是一个具有不可逆特性的进程。现代物质生活不能够逆转到前工业社会。不可再生资源尤其是化石能源的消耗，也是单向的、不可逆的。正是由于这一不可逆特征，使得人们担心能源安全和可持续未来。一些环境污染，尤其是重金属土壤污染，在相当长的时期内都不能得到恢复治理。工业发展和城市化、现代化农业生产，破坏和占据着生态空间，加速了生物多样性的消失。物种一旦消失，将不复存在，不可逆转。大规模基础设施建设和城市的扩张，地表硬化，钢筋混凝土堆积，土地复垦难度大。

工业化也是一个经济社会和环境脆弱性不断增加的过程。在传统的农业社会，一旦有自然灾害或突发事件，多限于局部地区。工业化水平的提高，社会经济关联程度增加，信息传播加快。一个地方的突发社会经济事件，可以立即传遍全世界。一方面，信息的快捷传播有利于社会的有效快速反应，但同时，也有可能增加社会的不稳定性。一个国家或地区的经济、金融危机，在经济全球化环境下，迅速波及全球经济。一个地方的粮食减产，会影响全世界的粮食价格波动。"千里之堤毁于蚁穴"，交通、通信、供电、供水等基础设施的任何小的闪失，都有可能使整个系统受到威胁。任何有意或无意的行为，就可能造成巨大的社会影响。例如，车流量大的城市主干道路，任何一个小的驾驶疏忽而造成的无意的剐蹭，都会导致数以百计乃至千计的汽车的正常行进受阻。

按照工业化进程，中国的工业化发展还需要进一步推进。前面的分析表明，虽然中国的工业化尚处在发展的中后期阶段，但是，工业化的发展空间已经从市场需求和资源环境约束等方面制约着拓展空间。这就意味着，中国不能随着工业化的自然进程演化，而是要根据社会经济发展和资源环境容量特征，实现发展范式的转变，用生态文明提升和改进工业化进程。

我们从三个方面来考察工业化发展进程的改进与提升：规模、结构和技术。工业规模的扩张能够增加就业、促进增长，对社会经济发展有积极效应，因而许多地方和中央政府都是鼓励规模扩张的。但是，市场和资源环境空间的约束表明，工业制造业的规模是不可能无限扩张的。我们所说的规模，主要是重化工行业、产品和常规消费品的产能规模，经过改革开放以来的快速发展和扩张，目前已经接近峰值。但是，在市场和资源环境空间范围内，还是有着巨大的拓展空间，主要表现在：第一，产能接近峰值，并不表明生产规模的萎缩。相反，考虑到社会经济发展的需要，资产还需要进一步积累。例如前面所说的钢铁生产，发达国家在峰值出现后，还有相当长的一段时间保持高位的产出。目前，中国的基础设施和房屋建筑的投资，还会持续相当长的一段时间，来满足城市化发展和市民化的需要。第二，在经济全球化背景下，中国的企业技术先进、效率水平高，具有国际市场竞争力，可以发挥比较优势，从而保持和占据较大的市场份额。因而，规模的空间制约并不是绝对的，需要服从市场规律。第三，在环境资源的承载能力范围内，可以提高能效、降低污染，增加产出。如果市场出现饱和，则可以创新产品，拓展新的市场需求。因而，环境容量的制约并非对产业和产品效率产生极限效果。第四，环境容量或资源环境存在空间约束，实际上为某些新兴产业的规模拓展创造了机会。例如可再生能源产业、能效产业、污染治理产业。中国的能源安全、污染控制和温室气体减排需要大力改变能源结构，2030年，将可再生能源在一次能源消费中的比例提高到20%，产业规模则要提高3—4倍。

中国的产业结构，在2013年已经表现出进入后工业化阶段的迹象。但是，结构的调整是一个漫长的过程。图3—2表明，英国和日本在1970年代具有大致相同的产业结构，第二产业占国民经济的比重在40%以上。英国借助其国际金融和教育文化产业的优势，结构调整的幅度大，尤其是进入1990年代，英国的工业制造业在国民经济中的比例要比同期的日本低5个甚至6个百分点。但是，这也从另一个方面说明，中国的产业结构调整，不具备英国甚至日本发展高端服务业的优势，更不可能像英国那样大规模"去工业化"。在

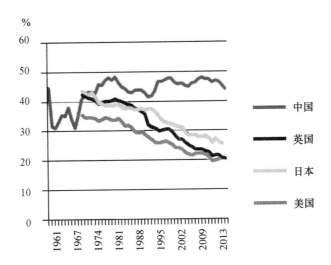

图3—2 中国和部分发达国家工业制造业增加值
占 GDP 比重的变化（1961—2013）

2050 年前后，工业占比可能减少到 30%。这也就意味着，中国的产业结构调整，更多的或者更重要更有效的，是产业内部结构和产品结构的调整。

某些行业或产品结构的调整，与社会经济发展和环境治理明显相关。2012 年，在雾霾成为一个社会广泛关注的健康问题的情况下，空气清新器的需求爆炸式增长。经过 10 年或 20 年的治理，大气环境质量符合标准，这些产品的市场将会减少乃至消失。技术进步是工业化进程的引领力量。中国工业化进程的生态文明转型，显然需要技术创新的推动。

◇ 第二节　工业化阶段

收入水平是划分工业化阶段的一个最为主要的指标。中国许多学者对中国的工业化水平和阶段进行了测评。根据中国社会科学院工业经济研究所的权威评估[①]，中国在 2010 年总体上进入工业化进程的中后期或后期阶段。北京、上海已经进入后工业化阶段，东部沿海地区大多进入后期阶段，中部和西部多数省区处于中期阶段，只有甘肃、云南、贵州等少数西部省份尚处于工业化的初期阶段。

收入是一个相对和动态的过程。世界银行根据收入水平，划分为低收入、中低收入、中等收入、中高收入和高收入。2013 年按汇率计，如果人均国民收入低于 1045 美元，则为低收入国家；中低收入经济体的收入介于人均 1046—4125 美元之间；中等收入涵盖中低和中高收入，介于人均 1046—12745 美元之间；中高收入经济体的人均国民收入处于 4126—12745

---

① 陈佳贵、黄群慧、吕铁、李晓华：《中国工业化进程报告（1995—2010）》，社会科学文献出版社 2012 年版。

美元之间。如果人均国民收入高于 12746 美元，则在高收入国家之列。2013
年，世界平均国民收入水平为 10513 美元；高收入国家人均 38623 美元。中
国人均 6807 美元，处于中等偏高收入的国家群体。如果按汇率计，中国整
体上处于工业化中期阶段，按购买力平价计，则中国已经进入工业化后期
阶段。但是，如果我们按照世界银行的人均国民收入的动态数据（图 3—
3)，中国在 1984 年超过低收入国家的平均水平，进入中等偏低收入国家行
列；11 年后，1995 年中国超过中低收入国家的平均水平，进入中等收入国
家行列；2008 年，中国超过中等收入国家的平均水平；按照当前的经济增
长态势，可望在 2016 年达到中等偏高收入国家的平均水平。世界平均收入
大致与中等偏高收入水平的高线持平。如果按购买力平价计，可望在 2016
年进入后工业化阶段，但是，如果按汇率计，则要到 2025 年前后。

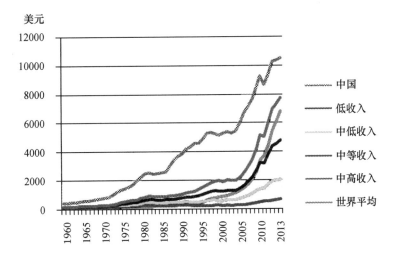

图 3—3　人均收入水平的变化趋势（按汇率计）（1960—2013）

表 3—1 中国抵达工业化不同阶段的时间

基本指标	前工业化阶段（I）	工业化实现阶段			后工业化阶段（V）
		工业化初期（II）	工业化中期（III）	工业化后期（IV）	
人均GDP（2005年，美元）（1）	745—1490	1490—2980	2980—5960	5960—11170	11170以上
中国实现的年份（2）	1985	1992	2002	2009	2016
超过发展中国家集团时间（3）	1984（低收入）	1995（中低收入）	2008（中等收入）	2016（中高收入）	2025（世界平均）
三次产业产值结构时间（4）	农业 > 工业 < 1970	农业 >20%，且农业 >工业 1993，1970	农业 <20%，且农业 >服务业 1993，2012	农业 <10%，且工业 >服务业 2014，2012	农业 <10%，且工业 <服务业 2014，2013
人口城市化率（5）	30%以下 1993	30%—50% 1994—2010	50%—60% 2011—2020	60%—75% 2021—2035	75%以上 2036

注：（1）表中有关标准的参数参照陈佳贵等（2007）；（2）中国超过底线的年份，按购买力平价计，数据来源IEA（2013）；（3）超过发展中国家集团的时间，采用世界银行的历史系列数据，国家集团的收入标准采用世界银行的界定；（4）达到产业结构阈值的时间根据世界银行历史系列数据，农业泛指代表第一产业，工业代表第二产业，服务业为第三产业；（5）人口城市化水平抵达阈值的时间根据中国统计年鉴。

　　表 3—1 的信息表明，中国的产业结构中，第二产业的发展是超前的。按照农业和工业占比的标准，中国在 1970 年即进入工业化的初期阶段，在 2013 年即进入后工业化阶段。如果以产业结构变化作为参照的话，人均收

入水平落后于工业化进程，城市化水平更是滞后于工业化进程。

中国何时整体进入后工业化阶段？工业化进程与一国的经济发展水平、城市化进程、产业结构和就业结构密切相关。2013 年以后，中国经济增长速度趋缓，但还处于较高水平，"十二五"期间经济增长的控制目标将下调到 7.0%—7.5%，未来逐步降低。根据国内外机构的预测，在发展方式转变较快的情形下，我国的 GDP 总量在 2020 年将达到 14 万亿美元，人均 GDP 突破 1 万美元水平；尽管如此，还低于世界人均水平，没有逾越高收入水平的最低门槛。至 2030 年，GDP 总量达 28 万亿美元左右，人均 GDP 接近 2 万美元，届时中国 GDP 总量按汇率计可能超过美国成为世界第一大经济体①。从收入水平看，中国可望在 2025 年前后满足进入后工业化阶段的标准。根据中国的新型城镇化规划，到 2020 年城市化水平为 60% 左右，仅抵达工业化后期阶段的底线。随后，即使按每年 1 个百分点的速率推进城市化，中国也要到 2036 年以后才可望进入后工业化时代。就中国工业转型的实际需要来看，产业结构的指标更符合生态文明建设的实际情况。从某种角度上讲，中国城乡一体协调发展，人口城镇化率并非一定要达到西方学者根据其他发展中国家情况而确定的标准。

中国调整产业结构的努力已经初见成效。2013 年第三产业增加值占比首次超过第二产业，标志着中国经济增长的动力源泉已经从制造业转向第三产业。在中长期看来，第二产业的增速将呈明显的放缓态势，同时其在国民经济中的比重也将不断下降。根据国内机构的预测，2010—2020 年工业年均增速将高达 8.27%，并且对国民经济的增量提升起到主要推动作用；而在此后的三个十年里，第二产业的平均增速将分别减少到 6.39%、3.80% 和 2.46%。在发展方式转变较快的情景下，在 2020 年和 2030 年我国

---

① 2014 年 10 月初，国际货币基金组织在其《世界经济展望》数据库中，测算按购买力平价计，中国在 2014 年底超过美国约 2000 亿美元，成为世界第一大经济体。但这一测算并没有得到中国官方和学术界的认可。

的第二产业比重将降低至 43.1% 和 38.7% 。因而，中国进入后工业化阶段的时间，最早在 2015 年前后，最晚在 2030 年前后，综合来看，中国整体进入后工业化的时间大致介于 2020—2025 年。

我们说中国从总体上完成工业化，意味着全国各地区不是同步进入后工业化，国内权威研究机构的评价已经表明这一点。北京、上海率先完成工业化，有着其合理的成分，也有着其特殊的成分。北京作为全国政治、文化、科技创新和国际交往的中心，上海作为全国经济和金融中心，地位具有垄断性或不可替代性。作为全国规模最大的城市，集中了全国最优质的科技、教育、文化和医疗卫生资源，也是全国的交通枢纽。而且，由于其特殊的政治和经济地位，对国计民生具有稳定和保障作用的大型国有企业的总部和跨国公司的中国分部，也都集中在这些地位强势的特大城市。2013 年，中国大陆有 85 家企业进入世界 500 强，其中 48 家的总部在北京，8 家在上海，占总数的 2/3。严格意义上讲，作为服务于全国的中心城市，与其他省区具有不可比性，其产业结构、城市化水平等度量工业化进程的特征，不具有可复制性。

工业制造业的跨国空间转移是发达国家"逆工业化"的主要动因或途径。对于中国这样一个地区差异明显的经济体，这种转移包括两个方面：国内地区间的转移和国际转移。东部地区由于土地资源短缺、劳动力价格攀升、环境容量约束，许多劳动力密集型的制造业已经大量向中西部地区转移。北京除了外迁大型钢铁联合企业首钢外，还在 2014 年启动的京津冀协同发展的规划和实践中，把一些劳动力密集型的服务业也大规模转移。东部地区表现出的"逆工业化"并不会影响全国的工业化进程。在 2025 年前后，全国整体上进入后工业化阶段，是否会出现向境外的产业转移？按照发展的雁阵模式和技术的梯度差异，从早期工业化的英国、欧洲大陆、美国、日本等发达经济体，都出现制造业的梯度转移。中国由于自然资源短缺、化石能源有限、环境容量约束等因素的制约，制造业的境外转移显然具有理性，也可能是一种趋势。

但是，这种趋势受到几个方面的制约，其规模和选择不会导致中国工业化进程遵循发达国家"逆工业化"发展的路子。这些因素包括：第一，中国国内的地区差异可以消化吸纳的空间比较大。在经济全球化背景下，中国的资源环境约束可能促使一些高污染高能耗高排放的企业转移到境外的"污染避风港"，但是，国内生态文明建设的要求、其他发展中国家的规制建设和国际可持续发展的大环境，使得"污染避风港"的成本优势十分有限而且风险极大。第二，中国可以采取进口产品替代的途径，将原料就地就近制造转换为半成品或中间产品甚至成品。应该说，这一转移具有巨大的吸引力。然而，中国主要原材料例如铁矿石、奶制品、大豆、木材等的来源地——澳大利亚、南美、北美、俄罗斯等国家和地区在移民管制、环境标准等方面管制十分严格，境内中低端劳动力数量较为有限，这就意味着境内不可能提供大量廉价优质的劳动力，环境治理要求严、投入大、成本高，从而使得这一选择成为不可能。第三，中国巨大的国内需求，不可能依靠境外的制造业来满足国内城市化深化发展和基础设施建设、维护、更新所需原材料以及消费品的生产。中国的城市人口规模在 2030 年前后可望超过 10 亿，超过 OECD 的整体水平。第四，或者说最重要的，是中国大量的劳动力需要就业。尽管已经普及的高等教育使人力资本整体水平提高了许多，但是，社会大多数的就业仍然在制造业和中低端服务业。第五，中国目前的高端服务业主要还是发达国家的服务对象。例如，中国每年有超过 20 万学生到发达国家留学①，中国文化产品的消费，例如影视作品，进口大于出口。随着中国经济社会的发展，中国接受服务和服务世界的格局会将会发生变化，但是，这个时间进程会比工业化进程更为漫长。

---

① 《中国留学发展报告》，中国与全球化研究中心，2012 年。

◇ 第三节　规模扩张的空间

中国工业化所处的发展阶段和未来进程表明，中国工业制造业规模进一步拓展的空间还十分巨大。这个空间有多大？任何生产，必须要有市场需求。如果没有有效需求，生产能力所展示的制造业规模，是没有意义的。即使是有效需求，如果存在资源环境的刚性约束，工业制造业的规模也会受到限制。因而，工业化进程和发展的空间，受到有效需求和资源环境的空间的双重约束。

如果我们参考发达国家工业化进程的历史经验，工业制造业产能的扩张，与收入水平关联十分密切。但是，一旦收入达到一定水平，工业制造业的产能就会停止扩张，甚至下降。工业化进程中最具标志性意义的重化工行业和产品，其生产均表现出一定的规律性。钢铁、建材、有色金属、化工等高耗能产品主要用于基础设施建设和机械制造等基础工业，这些产品的产量，都有一个明确的峰值，此后尽管有一定的波动，但是，并不随着收入水平的进一步提高或工业化进一步拓展而增加。产出的峰值一般要持续一段时间。由于技术进步和能源消费结构的变化，原材料和能源消耗会呈下降态势。早期完成工业化的发达国家高能耗工业产品如钢铁、建材（水泥、平板玻璃等）、有色金属（铝、铜等）、化工产品（合成氨、乙烯等）的二氧化碳排放在1970—1980年代之间达峰，达峰时人均GDP均突破1万美元（达到1.2万—2万美元，2000年价格），城市化率超过70%，这意味着大规模基础设施建设基本结束、重化工产业扩张接近尾声，产业发展整体进入后工业化时期。表3—2给出了部分发达国家钢铁产量出现峰值的一些社会经济状况，反映了重工业产量峰值与工业化进程的关系。

表3—2　　　　　部分国家钢铁产量峰值与对应的经济社会发展水平

国家	达峰时间（年）	城市化率（%）	人均GDP（2000年，美元）	峰值持续时间（年）	钢铁产量峰值（亿吨）	2012年产量（亿吨）
美国	1973	74	20395	9	1.37	0.89
日本	1973	74	15531	稳中略降	1.20	1.07
英国	1970	77	12540	10	0.28	0.10
德国	1974	73	13390	稳中有降	0.59	0.43
法国	1973	73	13787	8	0.27	0.25
韩国	2012	84	24640	仍在上升	—	0.69
中国	2013	54	6087	仍在增长	—	7.79

资料来源：《世界历年粗钢产量（1875—2009）》，http：//xxw3441.blog.163.com/blog/static/753836242010112075918299/？suggestedreading&wumii；世界钢铁行业联合会，2013年，中国国家统计局，世界银行数据库。

　　我们说，由于中国工业化起步晚，大量的基础设施建设和机械设备生产制造还需要生产和消耗大量的基础原材料产品，例如钢铁。事实上从1871年至2013年，美国粗钢总产量高居世界各国之首，累计总产量达到83.25亿吨，其中，1949年之前为20.44亿吨，占1/4。中国同期粗钢总产量为79.52亿吨，已居世界第二位。其中，1949年以前总产量760万吨，只占0.1%。英国同期16.67亿吨。其中，1949年以前总产量4.95亿吨，约占30%。因而，中国基础原材料产业还需要大发展。从人均粗钢产量看，2013年，中国已经接近600公斤，与美国、德国的人均峰值大致相近（图3—4）。如果我们参照日本的峰值延续40年，中国的累计粗钢产量将接近400亿吨，而美国按照目前的产量即使保持不变，到2050年，累计粗钢产量也不到120亿吨。根据国家统计局数据，2013年，全国固定资产投资44.7万亿元，新建铁路投产里程5586公里，其中高速铁路1672公里；新建公路里程70274公里，其中高速公路8260公里；新建光缆线路长度266万公里。房地产投资8.6万亿元人民币，房屋施工面积66.56亿平方米，新开工 20.1 亿平方米，房屋竣工 10.1 亿平方米，销售 13.1 亿平方米。汽车生产 2212 万辆，其中轿车 1210 万辆，生产发电设备 12573 万千瓦，7.79 亿吨粗钢，已经连续多年接近世界总产量的一半[①]，所支撑的基础设施和设备制造形成如此巨大的固定资产存量，我们可以想象，这一高位产量延续 40 年应该是不可能的，也是不必要的[②]。从这一意义上讲，不论是人均，还是总量，中国粗钢的产量已经接近或达到峰值，再进一步增长的市场空间已经十分有限。

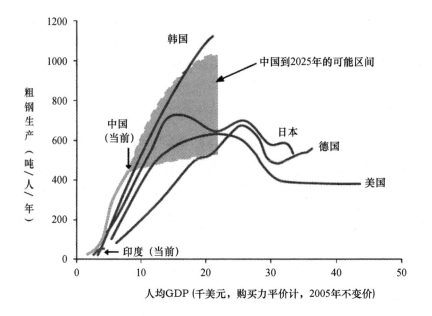

图3—4　部分国家人均收入与人均粗钢产量

① World Steel Association, 2013.

② BHP Billiton (2011), "Steelmaking materials briefing", presentation by Marcus Randolph, 30 September, http://www.bhpbilliton.com/home/investors/reports/documents/110930%20steelmaking%20materials%20briefing_combined.pdf.

进入 2010 年代，中国的制造业规模、能力和水平，在世界经济格局中地位凸显。根据中国统计年鉴关于中国主要产品在世界上的位次，中国的钢铁、煤炭、发电量、水泥、化肥、棉布等工业产品均居世界首位①。外需扩大的空间和投资扩张的空间已经十分有限，而且不断受到打压。发达国家的市场需求已经趋于饱和；多数发展中国家的市场启动动力不足，但其产品与中国的国际贸易形成竞争。根据国家统计局 2014 年发布的部分耐用消费品生产数据，2013 年，中国手机生产 14.56 亿台，液晶电视机 1.23 亿台，房间空气调节器 1.31 亿台。世界 71 亿人口，中国 13.5 亿人口，即使是产品不断更新换代，常规消费品的市场容量不可能无限增长。中国一些资本和劳动力密集的制造业产能已经趋近甚至超过峰值。当然，产业和产品的升级换代是一个连续的过程。有些产品，例如大排量高耗能的汽车在未来将可能逐步被电动汽车替代，汽车的品种会发生变化，增加值会提高，但是产品的数量不会突飞猛进了。

国内一些研究部门从技术经济的层面，对未来主要重化工行业和产品生产进行了预测，结果表明，除极少数产品的峰值可能要延迟到 2020 年以后，多数高耗能高排放的重化工原材料产品在 2020 年以前即抵达峰值，开始出现稳中趋降的格局（图 3—5）。

中国对铜、铝、锌、镍和铅等主要金属产品消费占世界贸易的比例，在 1980 年代改革开放的初期，只占 5% 左右，30 年后，占比均超过 40%，国际上一些机构预测在 2020 年前后，要占据一半以上。这些金属，从矿产的角度看，是不可再生的，但是，从循环经济的视角看，是可以回收利用的。这里存在一个循环利用的程度问题。有多大比例是可以回收利用的，多高的成本或能源消耗是可以接受的。我们不可能 100% 的回收利用。化石能源的储量是有限的，这是一个不争的事实。但是，我们可以有可再生能

---

① 《中国统计年鉴（2011）》，第 1057 页。

源的生产和利用。问题也在于可再生能源的价格和供应数量上。如果可再生能源的生产不能够满足生产和消费的需求，那么，资源的刚性约束就不可避免。当然，这些都是在开放市场经济条件下的可能。如果在国际政治、军事或贸易争端中出现不可控因素，资源刚性约束的空间将更小。

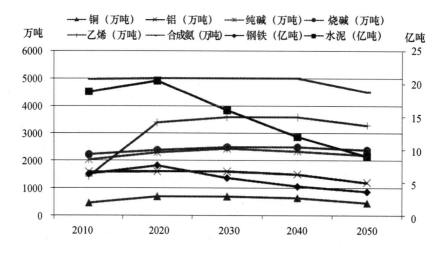

图3—5　我国主要重工业部门产量预测（2010—2050）

注：2010 年为实际产量，其他年份为预测数据。

资料来源：《中国统计年鉴（2011）》，2050 年中国能源和碳排放研究课题组（2009）。

中国自然资源的空间特点，决定了生态承载能力的格局，因而土地资源的空间约束受到地形地貌和水的限制。中国沿海、中部和西南部地区，多丘陵、山地，例如经济较为发达的东南沿海经济大省浙江，土地空间"七山一水二分田"，即 70% 为山地，10% 为水域，只有 20% 的土地空间适合农耕、工业发展和城镇开发。坡陡沟深的山岗地形地貌不允许生产企业的平面布局和生产安排。而西北部地区的最大制约是水资源短缺。由于地形地貌和水资源的制约，不仅使东部的企业向西部转移存在困难，而且西部自身的发展也受制于自然、生态和环境的约束。

2010 年前，社会关注的主要是水污染和酸雨。2012 年后，雾霾的严重程度，已经使人们认识到，工业化对于环境造成的损失足可以抵销发展收益。以前认为不具备任何约束的大气环境，也成为一个刚性约束。中国的 PM 2.5 作为工业化进入后期阶段的重要污染物，直到 2012 年春天才被纳入污染监测①。此时，人们突然发现，PM 2.5 污染已经很严重。从部分试点监测城市的监测结果来看，执行新的空气质量标准（PM 2.5 年均值的二级标准为 35μg/m³）后，多数城市 PM 2.5 超标，与国外一些发达城市和世界卫生组织环境空气质量指导值（10μg/m³）相比，均存在很大的差距。而且，覆盖的范围广。京津冀、长江三角洲、珠江三角洲等区域每年出现雾霾的天数超过 100 天，个别城市甚至超过 200 天。2013 年初出现了入冬以来持续时间最长、影响范围最广、强度最大的雾霾天气过程。据统计，2013 年 1 月，**雾霾范围覆盖近 270 万平方公里**，涉及 17 个省市自治区和京津冀、长三角、珠三角的 40 余个重点城市，影响人口约 6 亿人。国家环境保护部 2014 年公布 PM 2.5 数据的 74 个城市中，符合国家空气质量标准的只有地处东海的浙江舟山、南海的海口和喜马拉雅高原的拉萨三个城市，有 33 个超过世界卫生组织安全值（PM 2.5 < 10μg）的 30 倍，对人民群众身体健康和生产生活造成严重影响。② 污染成分与工业化的阶段性特征吻合。大量的 PM 2.5 来自人类活动，主要包括燃煤、机动车尾气等排放的一次污染物及其在空气中发生化学反应而生成的二次粒子，但由于所处地理位置的不同

---

① 国务院总理温家宝于 2012 年 2 月 29 日主持召开国务院常务会议，同意发布新修订的《环境空气质量标准》，部署加强大气污染综合防治重点工作。新标准增加了细颗粒物（PM 2.5）和臭氧（O_3）8 小时浓度限值监测指标。

② 中国工程院院士钟南山研究表明，如果 PM2.5 由 25 增加到 200，其致病死亡率将增加 11%。而由国内外环境领域专家组成的工作小组及来自亚洲开发银行的专业团队联合完成的《迈向环境可持续的未来——中华人民共和国国家环境分析》报告数据显示，中国的空气污染每年造成的经济损失，基于疾病成本估算相当于国内生产总值的 1.2%，基于支付意愿估算则高达 3.8%。

和社会经济环境发展状况的差异，各城市的 PM 2.5 污染源的贡献率也不尽相同。如根据广州环保局 2012 年 3 月 8 日公布的 PM 2.5 污染源解析结果，机动车污染占 38%，工业污染占 32%，可挥发性有机物污染占 18%，工地扬尘占 12%。四川省环境监测中心的研究结果表明，四川盆地雾霾污染的主要来源为工业类 22%—25%，机动车 16%—20%，燃煤 17%—20%，扬尘、油烟、秸秆、涂料溶剂类占 20%—25%，其他占 10%—18%。① 大气雾霾的严重性与发达国家工业化后期阶段的特征吻合，表明中国整体进入工业化后期阶段，环境容量规定了工业化规模扩张的空间。

◇ 第四节　污染治理的范式转型

"十一五"以来，从全国主要污染物减排措施来看，相当比例的环保投资主要用于新建污水处理厂、安装火电脱硫脱硝设施、安装钢铁烧结机烟气脱硫设施等领域②。但是，单纯的以局域污染物减排为目标的环境保护投资将给节能环保造成锁定效应，使节能和环保脱钩，造成"环保不节能"或"节能不环保"的矛盾局面。这种在高投资—高能耗联动效应下的工业文明理念的环保思路显然不可持续。

高投资—高能耗模式的工业污染控制。"十一五"期间国家加大了环境保护的投资力度，改善了"十五"期间环保投资不足的状况。"十一五"期间环保投资总额比"十五"期间增长 1.58 倍，总投资额达到 2.16 万亿元

---

① 中国城市 PM 2.5 污染源解析结果的差异除了分析方法存在局限性，如是否考虑周边环境的影响、监测数据的可靠性等之外，主要还是取决于各地污染源排放结构、气象条件等因素。

② 环保部：《环境保护部通报 2011 年度全国主要污染物减排情况》，2012 年 9 月 7日，http：//www.mep.gov.cn/gkml/hbb/qt/201209/t20120907_235881.htm。

人民币。相对于 1. 53 万亿元的投资需求而言，实际投资超出投资需求 6320 亿元①。

　　整体而言，包括城市环境基础设施建设的各项环保投资的绝对值都在增加。2010 年，环境污染治理投资为 6654. 2 亿元，比上年增加 47. 0％，占当年 GDP 的 1. 67％。其中，城市环境基础设施建设投资 4224. 2 亿元，比上年增加 68. 2％；工业污染源治理投资 397. 0 亿元，比上年减少 10. 3％；建设项目"三同时"环保投资 2033. 0 亿元，比上年增加 29. 4％。

　　重点领域，以污染治理为核心的工业污染治理投资也大幅度增加。工业污染治理项目 2010 年完成投资总额为 397. 0 亿元，其中，工业废水治理项目完成投资 130. 1 亿元，新增设计处理能力 907. 2 万吨/日。工业废气治理项目完成投资 188. 8 亿元，新增设计处理能力 29028 万标立方米/时。工业固体废物治理项目完成投资 14. 3 亿元，新增设计处理能力24. 7 万吨/日②。

　　在高投资的拉动下，我国环保事业在"十一五"期间以污染物减排为核心，基本上完成了各项减排指标，实现了污水处理和二氧化硫等局域污染物的绝对减排。与 2005 年相比，2010 年全国化学需氧量（COD）和二氧化硫（SO_2）排放量分别下降 12. 5％和 14. 3％，两项主要污染物均超额完成了"十一五"的总量减排目标③。

　　然而，污染物减排成效卓著的同时，为了实现有效减排而增长的能耗却随着 GDP 的增长居高不下，"十一五"期间，全国单位 GDP 能耗下降19. 1％，没有达到规划中下降 20％的目标。可见提高环保投资力度可以

---

　　①　逯元堂、吴舜泽、陈鹏、朱建华：《"十一五"环境保护投资评估》，《中国人口资源与环境》2012 年第 10 期。
　　②　《环保部 2010 年环境统计年报》，http：//zls. mep. gov. cn/hjtj/nb/2010tjnb/201201/ t20120118 _ 222728. htm 。
　　③　《环保部 2010 年环境统计年报》，http：//zls. mep. gov. cn/hjtj/nb/2010tjnb/201201/t20120118_ 222729. htm 。

在减少污染物排放，特别是局域污染物排放方面发挥巨大作用，而在降低单位 GDP 能耗方面的作用有限。"十二五"期间我国仍然处于工业化中后期，工业化和城市化仍将处于快速发展阶段，资源能源与环境矛盾将更加集中。

"十二五"期间大规模的环境保护投资仍需继续。李克强在中欧城镇化伙伴关系高层会议开幕式时表示，"十二五"期间，中国环保累计投入要超过 5 万亿人民币，节能环保领域的投资和发展潜力巨大[1]。也有学者进行了更为细致的环保投资需求评估，得出"十二五"期间环境污染投资治理需求余额 3.4 万亿人民币，将有效带动 GDP 累计 4.8 万亿元[2]。

"十二五"规划不仅新增了氨氮和氮氧化物两项约束性指标，还加入了其他 3 个重要的约束性指标，分别是单位 GDP 能耗降低 16%、单位 GDP 二氧化碳排放降低 17% 和非化石能源占一次能源消费比重达到 11.4%。这 3 个新增指标给"十二五"期间的环保工作带来了严峻挑战。此外，在新形势下，我国出现了很多新的环境问题。长三角、珠三角、京津冀等区域每年出现灰霾污染的天数达到 100 天以上，空气中细颗粒物（PM 2.5）年均浓度超过世界卫生组织推荐的空气质量标准指导值 2—4 倍；光化学烟雾污染频繁发生[3]。区域经济的一体化、环境问题的整体性以及大气环流造成区域内城市间污染传输影响给现行的环境管理模式带来了巨大挑战。如果任由"高投资—高耗能"模式的环保思路继续下去，能耗和非化石能源占比指标的完成，以及二氧化碳和 PM 2.5 等大气污染物的治理将举步维艰。

环保投入与单一的环保目标相结合，造成能源浪费和进一步污染。"十

---

① 李克强：《"十二五"期间中国环保投入将超 5 万亿》，《中国日报》2012 年 5 月 4 日，http://www.chinadaily.com.cn/hqcj/gsjj/2012-05-04/content_5826884.html。

② 逯元堂、陈鹏、吴舜泽、朱建华：《明确"十二五"环境保护投资需求保障环境保护目标实现》，《环境保护》2012 年第 8 期。

③ 环保部环境规划院：《"十二五"重点区域大气污染联防联控规划编制指南（送审稿）》，http://www.caep.org.cn/air/DownLoad.aspx。

一五"期间国家积极调整了环保投资的战略部署，增加了环保投资的绝对量，也在一定程度上改善了环保投资结构，使"污染物减排"的目标得以明确和凸显。但造成环保不节能的深层原因还有待挖掘。单纯重视污染物减排，不计成本、不计能耗的环保是灰色的环保。灰色环保的成因与我国环保事业绩效考评的官本位制度挂钩。在官本位、单一目标的环保思路指引下，环保投资势必顾此失彼，无法顾全大局。

以城市污水处理为例，在单一的污染物减排目标下，城市污水处理成为了高能耗产业之一，效率低、成本高。我国向来把重点放在污水处理厂的建设和处理成果上面，忽略了污水厂的运行能耗[1]。在污水处理工艺和设备选用等问题上没有将节能作为工作目标，缺乏可持续性。

在通行的污水处理工艺中，污水提升、曝气系统和污泥处理是主要能耗源，消耗的能源主要包括电能和燃料、药剂等，其中电耗占总能耗的60%—90%[2]。这种污水处理工艺以能消能，消耗大量有机碳源，剩余污泥产量大，同时释放较多二氧化碳到大气之中。

此外，大型的污水处理厂往往配备大型的高能耗的设备，能耗过大的问题已经成为污水处理行业发展的障碍。我国城镇污水处理厂平均电耗为 0.290kw·h/m³，近20%的污水处理厂电耗不超过 0.440kw·h/m³，相当于发达国家20世纪初或更早期的水平，存在很大节能潜力。1999年美国污水处理厂的平均电耗为 0.20 kw·h/m³，日本为 0.26 kw·h/m³；2000年德国污水处理厂平均电耗 0.32 kw·h/m³[3]。由于污水处理耗电大，随着电费上调，不少大型污水处理厂往往因为经费不足而不能正常运转。这种大型

---

[1] 张闻豪：《城市污水处理厂节能措施与优化运行技术研究》，太原理工大学，2012年。

[2] 刘洁岭、蒋文举：《城市污水处理厂能耗分析及节能措施》，《绿色科技》2012年第11期。

[3] 杨凌波、曾思育、鞠宇平、何苗、陈吉宁：《我国城市污水处理厂能耗规律的统计分析与定量识别》，《给水排水》2008年第10期。

污水处理厂消耗了大量的环保投资，而由于其运行效率低，不仅导致了大量的投资浪费，也形成了巨大的能源消耗。这使得相当部分的环保投资无法充分发挥其环境效益。

又如电子垃圾废物的回收处理，在单一的污染物减排目标指引下，大量的投资用于处理电子垃圾体量上的消减，无视操作过程中由于有害物渗漏造成的衍生环境问题。当前的电子垃圾废物处理方式主要包括手工拆解、掩埋和低温焚烧（600℃—800℃）等初级手段。电脑、电视机、音响、手机等电子产品中含有大量的有毒物质，在低温焚烧情况下，能够产生一些剧毒物质，如呋喃、多溴化二氧苣及多溴化苯并（PBDD）。焚烧后的沥出物会污染水源、毒化空气、造成流域重金属污染、增加二氧化碳排放。而通过填埋处理的电子垃圾则会向土壤渗漏，对环境造成危害。即使当前最为先进的垃圾填埋方法，也很难做到不渗漏。那些标准不高的、原始的垃圾填埋就更易发生泄漏。

在广东省最大的废旧电器和电子垃圾集散地汕头市贵屿镇，每年都处理超过100万吨的电子垃圾。对贵屿镇的河岸沉积物进行抽样化验显示，存在对生物体有严重危害的重金属，如钡的浓度是土壤污染危险临界值的10倍，而锡为152倍，铬为1300多倍，铅的数量则是危险污染标准的200多倍，存在于水中的污染物数量则超过饮用水标准的数千倍之多[1]。这种以污染换减排的环保投资不仅无益，反而有害。

再如我国当前的部分环保工作与循环经济理念挂钩，将大量的投资用于资源的完全回收利用，这一过程浪费了很多额外的能源资源。循环经济在理论上可行，但实际上资源的回收利用存在一定的成本收益拐点，无限的循环只能增加无谓的资源和造成成本浪费，并不能做到真正的节能和环保。

---

① 路阳、王言：《浅析我国电子垃圾的现状与治理对策》，http://www.cn-hw.net/html/sort068/201301/37401.html。

以上几点都充分说明我国当前的环保工作存在思路上的问题，必须加快步伐扭转思路，将环保和节能工作捆绑作业，打开环保事业新局面。

节能型环保需要综合考虑污染物处理能力和能源消耗水平。抛开以污染物减排为单一目标的环保思路，从全局着眼，环保和节能并不矛盾。关于节能型环保的话题，国内外学者早就展开了大量的调研论证。

仍以污水处理为例，有诸多办法可以减少污水处理的能耗，同时提高污水处理能力。如想保持现有污水处理工艺不变，可从主要能耗源出发，逐一降低主要耗能设备；还可以通过增加非化石能源的利用率这一角度提高能耗减少污染。前者只需要对污水处理工艺的各个能耗源加以测评，并对现有设备加以升级改造即可。提高设备能效是最直接的节能手段，可以帮助实现单位 GDP 能耗降低的目标。而后者具有更为前瞻性的战略意义，不仅可以帮助实现单位 GDP 能耗降低的目标，还有助于降低二氧化碳排放和非化石能源占比提高的目标，对"十二五"期间环保事业各项目标的完成具有重要意义。

非化石能源较之化石能源能够大大减少温室气体排放和烟尘、粉尘等大气污染物的产生。关于如何在污水处理过程中利用生物沼气和太阳能也有很多研究。首先，可以利用污水处理过程中厌氧池工艺所产生的大量沼气。沼气发电是集环保和节能于一体的能源综合利用技术。它利用工业污水经厌氧发酵处理产生的沼气，驱动沼气发电机组发电，并可充分利用发电机组的余热用于沼气生产，使综合热效率达 80% 左右，大大高于一般30%—40% 的发电效率，经济效益显著，是处理工业污水的好方法。有研究表明，德国的污水处理可以通过提高厌氧池所产生物沼气的利用率实现能源自给，甚至可以实现额外的能源输出[1]。为了提高生物沼气的产量还可以

---

[1]　N. Schwarzenbeck , W. Pfeiffer , E. Bombal, lCan a Wastewater Treatment Plant be a Powerplant? A case study, *Water Science and Technology*, 2008, 57（10）: 1555 – 1561.

改良厌氧池的工艺①。此外，还可以将污水处理过程中的动力设备加入太阳能发热、发电设备，替代传统能源，实现节能减排的目的。还可以通过"污水源热泵"对原生污水的热能加以利用。

除了改善污水处理的工艺流程，还可以从污水处理选址、规模适应性等角度提高污水处理厂的运行效率，从而达到降低运行成本，提高能效的目的。如污水处理可以采取小规模就近建厂，避免高能耗、高排放以及设备闲置而造成的浪费。

关于污水处理，还可以采用人工湿地自然净化水源的方式进行生物水质净化，还能同时保护生物多样性。人工湿地是近几十年发展起来的一种污水生态处理工程技术，它将污水处理和环境生态有机地结合起来，在有效处理污水的同时也美化了环境，创造了生态景观，带来了环境效益和一定的经济效益。人工湿地自发展以来，以其独特的优势广受人们关注，并被广泛应用于处理生活污水、工业废水、矿山及石油开采废水等②。

如上所述，单纯从污水处理一项工作就能找到诸多的既节能又环保的办法，节能和环保并非必然的矛盾体。在工业化中后期大规模投入污染控制和环境保护的过程中，需要将环保工作"绿化"，实现节能绿色环保。通过提高工艺流程中的能效、增加非化石能源的利用率、综合考虑生态效应、充分利用废渣废气等多种方法实现降低能耗的目的。这不仅需要大量的专业论证，更为重要的是从源头上扭转单一目标的环保思路，更为集约、合理地利用环保投资资源。

转变思路，将节能和减排两项环保目标同时纳入工作重点。传统的高投资—高能耗模式的环保思路急需加以转换，从全局来看，节能比环保更

---

① Greer, Diane Energy Efficiency and Biogas Generation at Wastewater Plants, *BioCycle* 2012, Vol. 53 No. 7, pp. 37 – 41.

② 黄锦楼、陈琴、许连煌:《人工湿地在应用中存在的问题及解决措施》,《环境科学》2013 年第 1 期。

符合可持续发展的趋势。只有将节能和减排两者综合考量，采用多维度的环保事业绩效考评机制，才有望实现能效、二氧化碳减排和利用非化石能源等的各项环保目标。

第 四 章

和 谐 城 镇 化

中国的城镇化进程，规模大，进程长，影响深远。从规模上看，2010年代初，中国城市人口的数量已经超过欧盟的一倍，预计到2030年，中国的城市总人口将与经济发展与合作组织的城市人口数量大体相当，远高于OECD全部高收入成员国的城市人口总量。从农村到城市，是一次文明转型，工业文明的发展范式突破了农业文明的生产力低下的被动适应自然的发展范式，使得城市的财富扩张和人口承载能力能够支撑社会经济发展的需要。1978年，OECD全部高收入国家的城市人口6.1亿，中国1.8亿；35年后，前者8.6亿，净增2.5亿，后者7.2亿，净增5.4亿。如果中国的城市化水平接近或达到OECD的平均水平，中国还将有4亿左右的新增城市人口。发达国家的城市化进程对世界经济和环境的冲击巨大，中国城镇化的人口规模和时间进程，在经济全球化的背景下得以放大，不仅对中国的经济社会和环境产生重大影响，而且对全球可持续发展的影响，也十分重大且深远。如果城镇化的发展范式不加以调整转型，中国的城镇化进程不仅是受阻的问题，而且面临巨大的社会和资源环境风险。

◇ 第一节 城镇化进程

在全球层面，工业文明发展范式下的城市化，不是受制于技术和投资，更多的，是人的发展，资源环境的制约。这一宏观层面的理解，在中国的表现更为突出。中国的城镇化，是为了生活更美好，要求环境可持续，涉及城乡居民的社会福祉，涉及经济升级转型、发展方式转变，也涉及能源安全、气候安全和环境安全等诸多方面。因而，需要超越狭义的技术层面的政策考虑，以社会经济和资源环境的宏观总体来考虑与明确我国的城镇化进程。

一　城镇化的二元特征

中国的城镇化水平，从 1949 年新中国成立时的 11%，提高到改革开放初期的 17%，历经了 30 年，仅仅提高了 6 个百分点。其间还有 1960 年代初的负增长和"文化大革命"中数以千万计的城市初高中毕业生因城市就业岗位欠缺而离开城市上山下乡。由于城乡收入水平、社会服务和发展机会等方面的巨大差异，中国政府通过户籍管理的行政手段，控制城市人口的过快增长，形成一种制度上的城乡二元安排。改革开放后，尽管户籍制度没有放开，但是，人口的自由流动管制逐步放松，从"离土不离乡"到农业人口的大规模转移，城镇化进程持续、稳定、快速推进，进入 2010 年代，城市化水平突破 50%，而且每年还在以 1 个百分点的速度和规模提升。2014 年发布的《国家新型城镇化规划 2014—2020》提出，2020 年城市化水平将提高到 60%。各种预测表明，这一进程还将继续，在 2030 年前后达到中等发达国家 70% 左右的水平，新增城镇人口约 3 亿。由于受到城乡二元户籍制度的约束，当前统计意义上的 7.2 亿城镇人口中，约有 2.6 亿农业转移人口尚没有实现居住地户籍人口的市民化。

如果说改革开放后的前 30 年是外需导向的工业化拉动的被动的城镇化，那么，2010 年代则是市民化提升内需，内需拉动工业化的主动的城镇化。到 2030 年，总量达到 5.6 亿的新增城镇人口和市民化人口，规模超过欧盟

28 国的人口总和；平均每年新增需要提供城市基础设施和社会服务的人口超过 2500 万。持久而大规模的城镇化和市民化过程，构成中国经济增长升级版巨大而持续的动力源泉。

根据联合国开发计划署和世界银行年数据，高人类发展水平国家的平均城镇化水平超过 80%；中高水平国家为 74%；中低水平约为 44%，低水平国家约为 34%。2013 年我国人类发展水平世界排名第 91 位，尚处在中等发展水平。但是，北京和上海已经进入高人类发展水平行列。城镇化水平与人类发展水平直接相关。实现民族复兴的中国梦，提升城镇化品质和水平，具有严峻的现实挑战性，是未来发展的战略任务。

在相当程度上，城镇化依赖化石能源提供建设和运行的动力。2010 年，经济合作与发展组织（OECD）总人口约 12.3 亿，约有 10 亿人口居住在城市，能源消费总量达 54.1 亿吨油当量。中国从改革开放初期能源消费不足 5 亿吨油当量增加到 2000 年的 10 亿吨，再到 2010 年的 24.7 亿吨，反映了城镇化过程中能源消费增长速度和轨迹。到 2030 年，预计中国人口将达到 14 亿，其中，约 10 亿人口居住在城市。如果按照 2010 年 OECD 城市运行的人均能源消耗计算，2030 年中国 14 亿人口需要能源总量可能高达 60 亿吨油当量。政府间气候变化专门委员会第五次评估报告进一步明确人类二氧化碳排放的全球增温效应，需要大幅碳减排。进入 2010 年代，中国碳排放总量占全球 1/4 以上，人均也接近欧盟平均水平。笼罩全国的雾霾，归因主要是化石能源燃烧。无论是能源安全、气候安全，还是环境安全，中国的城镇化，在现实或是未来，只能走低碳道路。

二 城镇化的和谐内涵

中国环境与资源禀赋不足以支撑常规的高能耗高排放的粗放式城镇化发展模式。土地、能源、水资源短缺和环境恶化等一系列挑战，对城镇化的规模、水平、空间格局和路径选择，形成多重刚性约束。我们不可能在没有水的戈壁沙漠上建造城市，没有现代能源服务，不论是小城市，还是大城市，均不可能正常运行。仅靠节能减排难以从根本上提升城市的可持续发展能力，在战略和宏观层面，需要文明发展范式上的整体转型。

第一，空间与规模格局的协调。1990 年代以来，中国城镇化进程中人口流动指向北京、上海、广州等超大城市和区域性中心城市，出现规模越大、膨胀越快、超大城市"极化"发展的城镇化现象。而这些城市所出现的越来越严重的"城市病"表明，特大城市过度极化扩张，导致城市发展的规模不经济，城市发展边界制约形同虚设。这是因为，北京、上海、广州等特大、超大城市的人口规模、用地、用水、用能和房地产价格已经超出了环境和社会承载能力，吸附了全国大量的金融资本，挤占小城镇发展所需的大量资源，加剧了中国城乡之间、东中西部之间、大中小城镇之间发展的不平衡。自身已经不堪重负的超大城市还要承担辖区范围外的全国或区域人口的高端教育、文化、医疗等服务，带来了城市交通拥挤、环境质量恶化、水源严重短缺、能源过度消耗。根据环境保护公报数据，2013年国家启用新标准[①]在京津冀、长三角、珠三角等重点区域及直辖市、省会城市和计划单列市共 74 个城市对 SO_2、NO_2、PM10、PM 2.5 年均值进行监测和评价，只有城市规模较小而且地处南海、东海以及青藏高原的海口、舟山和拉萨 3 个城市空气质量达标，超标城市比例为 95.9%。京津冀地区超标天数中以 PM 2.5 为首要污染物的天数最多，占 66.6%；其次是 PM10和 O_3，分别占 25.2% 和 7.6%。由于城市规模过大而且规划不当，造成特大城市交通特别拥堵，北京、上海、天津、沈阳、西安、成都的通勤往返时间均在 1 个小时以上，北京更是长达 1.32 个小时[②]。瑞银集团 2014 年对伦敦、纽约、东京、北京、上海等特大城市的车速调查结果显示，伦敦的道

---

① 《环境空气质量标准》（GB3095—2012）。
② 北京大学社会调查研究中心与智联招聘（2012）的调查。

路交通状况最好，市区车辆的平均速度为 29 公里/小时；其次是纽约和新加坡，同为 24.9 公里/小时；中国城市的行车平均速度最低，其中，北京的平均车速最低，仅为 12.1 公里/小时，之后是上海（16.3 公里/小时）、广州（17.2 公里/小时）、成都（18.0 公里/小时）、香港（20.0 公里/小时）和武汉（20.4 公里/小时）。只有空间与规模协调的城镇化，才能促使城市社会服务的本地化，减少和消除城市资源因过度"极化"造成的"城市病"。

第二，遵循自然规律。城镇化发展服从自然规律，符合生态平衡原理，与当地的环境容量、气候容量以及资源承载力相匹配，是科学发展观的要求，是城镇化是否低碳的标准。黄河上中游一些干旱半干旱地区，水资源极度缺乏，大量抽取黄河水、地下水，搞山水景观、湿地公园、人造绿地，表面上看起来是"绿色"，是"生态"，实际上是高碳。这是因为，高压抽水解决市内荒漠山地绿化问题，需要靠巨大的能源消耗来实现与维持，不符合自然规律，因而也不是低碳的。许多大城市竞造"世界第一高楼"，长沙甚至要建高 838 米的"天空城市"，表面上看，是土地利用的高度集约，但实际上，其建造、运行、维护的能耗和环境影响，要远大于高度适中的建筑。城镇化的和谐需要深度分析当地优势与劣势，利用当地的特点与现有资源，发展相应产业，以当地生态容量与资源承载力为红线。

第三，以人为本。利润驱动的工业化和城镇化，排斥可持续就业，污染环境，限制农业转移人口市民化，扩大城乡收入差距，城市形态上有空间上的外延扩张，但没有体现以人为本、为民造福的宗旨，阻碍城市健康发展。"十一五"期间，中国工业能源消耗由 2005 年的 15.95 亿吨标准煤增加到 2010 年的 24 亿吨标准煤，约占全社会总能耗的 73%；钢铁、有色金属、建材、石化、化工和电力六大高耗能行业能耗占工业总能耗的比重由 71.3% 上升到 77% 左右。发达成熟的经济体，工业能耗只占总能耗的 30% 左右，体现生活品质的交通和建筑分别占 30% 和 40% 左右。中国当前处于快速工业化城镇化阶段的能源消费需求结构，不仅表明我国城镇化进程漫长而艰难，更表明我国提升生活品质的和谐城镇化的紧迫性。城镇化是我国现代化建设的历史任务，也是扩大内需的最大潜力所在。只有大力发展现代服务产业，推进产业结构转型，变投资驱动为消费驱动，突出城镇化质量、品质的提升，防止简单追求工业化与 GDP 指标，人与自然的和谐、人与社会的和谐才能贯穿城镇化进程。

第四，绿色乡土田园自主型城镇化。过去 30 年，我国以大工业、大城市建设为主的城镇化导致的造城运动，使得许多山水田园、低碳、生态和谐的小城镇和小村庄不复存在。尽管大城市有限空间内人口、经济和污染物排放的密度高、强度大，在自然和谐方面存在客观困难，但也可以用保留古迹、增加绿地、楼顶绿化等手段，打造宜居环境。即使城市化水平达到 70%，也还有 4 亿人口居住在乡村，需要提供和享受同样的社会服务。绿色乡土自主型城镇化，是农村自主参与的城镇化，能更好解决当地的农民问题。乡村有自己的优势，如分布式能源的应用、低成本高福利的绿色产业、小型有机多样化农场等经济模式。绿色乡土自主型城镇化可以实现就地消化，就地供给，是一条真正的低碳、环保、节能、循环的和谐城镇化模式。乡土和谐型的城镇化能使乡村变得更让人们向往。

三　城镇化转型发展

和谐城镇化转型发展的路径，当然要考虑技术层面的选择，例如市民化、节能、可再生能源、经济刺激等。但是，技术层面的选择必须植根于战略层面的路径，从根本上走向生态文明范式下的转型发展。

着力推进产业结构优化升级。由于我国城镇化的特点是工业化驱动，工业在很大程度上成为城市的骨架和主体，因而和谐城镇化必须考虑产业结构的低碳转型。我国城市低碳发展既有存量升级改造的问题，也有增量优化调整的问题。首先，大力发展低碳型新兴产业，实现工业增量的低碳化。城市和谐发展，低碳是强约束，是难点所在。必须首先从产业增量上，限制高能耗、高排放行业的过度膨胀，大力发展具有低碳特征的新兴产业，特别是节能环保、新一代信息技术、生物、高端装备制造、新能源、新材料以及新能源汽车等战略性新兴产业，从根本上减少二氧化碳的排放。其次，改造提升高碳型传统产业，实现工业存量的低碳化。我国目前"高消耗、高排放、高污染、低效益"的传统产业仍占有主导地位，因此改造提升传统产业对实现城市的低碳发展具有十分关键的作用。对现有产业的调整改造和转型升级是优化城市产业结构、推动城市向低碳经济发展的另一重要途径。最后，加快发展现代服务业，推动三次产业结构的低碳化。统计数据表明，全国工业平均碳排放强度大致是服务业的5倍。因此，提高服务业在城市经济中的比重，降低工业所占比重，减轻城市发展对高碳排放的第二产业的过度依赖，是城镇化过程实现产业结构升级和促进低碳经济发展的有效途径。

推进消费模式与生活方式转型。城镇化的和谐发展需要作为城市主体的居民的生态文明转型，涉及消费模式、生活方式、生活观念和地区发展权益等问题。城市居民的消费和生活的需求和观念包括衣、食、住、用、行、医、学、寿、乐九个方面。其中衣、食、住、用、行五个物质层面的消费对资源环境在数量上的依赖程度比较高，医、学、寿、乐四个精神层面的消费需求对资源环境的质量要求比较高。城镇化转型发展，必须要有生活消费方式的转变使得消费的物质需求理性，健康、品质与资源环境承载能力相适应，使得生活的精神需求与自然生态和谐。

强化集约、智能、绿色发展。集约的资源利用模式，紧凑的城市形态是和谐低碳城市建设的基本需求。集约化的土地利用在减少资源的占用与浪费的同时，也使土地功能的混合使用、城市活力的恢复以及公共交通政策的推行与社区中一些生态化措施的尝试得以实现，从而减少对自然资源的干扰和占用并将自然生态的因子留在城市，融合在城市发展中，保障城市的和谐发展。智能化技术设施为和谐低碳城市建设提供了强有力的技术支撑。通过物联网和互联网整合城市资源，智能化工程可以实现快速计算分析处理，对网内人员、设备和基础设施，特别是交通、能源、商业、安全、医疗等公共行业进行实时管理和控制。绿色建筑能最大限度地节约资源、保护环境和减少污染，又能提供健康、适用、高效的工作和生活空间。绿色交通则通过建立低污染，有利于城市环境多元化的协同交通运输系统来节省建设维护费用和能源消耗。微观层面的绿色建筑设计与中观层面的绿色交通设计成为宏观层面的和谐低碳城市设计的重要抓手。因而，集约化、智能化与绿色设计使得科学合理的解决与实现城镇化进程中自然资源、居住条件、交通状况、工作环境、休憩空间等诸多问题成为可能，最大限度地节约资源、保护环境和减少污染，有利于和谐低碳城镇化的顺利推进。

科学规划，将和谐要素纳入顶层设计。中国的自然资源禀赋和气候容量的基本格局决定了中国不能像美国那样拥有一种空间延展、密度疏缓的规划与发展方式，事实上，美国相对宽松的环境容量约束而形成的城市发展实践，已经形成一种典型的高耗能、高碳排放模式，固化为美国式的高碳锁定。要避免高碳锁定，需要有理性的城镇化发展规划，将生态文明的理念和原则融入城镇化规划和发展进程，考虑气候容量和碳的预算约束。理性的城镇化发展规划要遵循与生态承载能力相适应，执行碳预算约束，具有自然恢复能力的低碳韧性城市。低碳韧性城市是指在城市治理和规划设计中，协同考虑温室气体减排和应对气候灾害风险的不同需要，采用适应性管理理念，实现生态完整性和可持续城市的目标。低碳韧性城市需要转变传统的城市管理模式和治理理念，从目标、政策和手段等方面进行协同管理。

强化公众参与制度建设。和谐城镇化的核心是人与自然的和谐，必须要有市民的广泛参与、主动参与、权威参与。和谐城镇化转型，需要城市居民的观念、行为的调整与改变，没有广泛参与，再好的观念也难以得到广泛的接受、认可，更谈不上广泛的行动。而且，这种参与是主动的，不是被动的，这会使得和谐转型的理念和行动产生内在动力，更具自觉性，市民广泛、主动参与的转型决策，增进转型行动的和谐性。

◇ 第二节 可持续与宜居城市

城市人口规模大和集群发展是中国特色城镇化道路的一个显著特征，是在中国特定自然资源格局和生态容量规定下社会、经济和环境发展的必然结果。这种大规模和集群式的城市发展，在很大程度上有助于提升我国可持续和宜居的水平，但同时也对社会、经济和环境的可持续发展和人居品质带来严峻挑战。特大城市的社会治理，急需协同创新，改善和提升可持续和宜居的总体质量和水平。

世界超过百万人口规模的城市数量并不多，超过千万规模的屈指可数，超过 2000 万规模的城市只出现在中国，达到 5000 万乃至 1 亿规模的城市集群也在中国的长三角、珠三角、环渤海等地区。特大城市之所以成为中国城镇化进程的特征和结果，必定有其理性依据和内在动力机制。由中国的地形地貌尤其是降水格局而形成的胡焕庸人口分界线，表明中国西北半壁江山环境容量有限、人口承载力较低，而东南半壁尽管也有高山丘陵，但环境容量相对充裕、人口承载力较高。中国庞大的人口基数和高度密集的社会经济活动，人口的高度聚集成为社会、经济和环境发展的一种必然选择。

从经济学意义上讲，特大城市发展有其不完全竞争的报酬递增的比较成本优势。信息不对称和资源占有的垄断地位使得一些城市具有竞争优势，导致这些城市扩张，使其进一步凸显规模效益。我们所说的宜居，无外乎安居乐业和拥有自然生态的生活环境。城市上下水、道路交通、房屋建筑等实物基础设施提供了宜居的物质基础，城市的教育、文化、医疗、商业和体育等社会服务基础设施，提供了宜居的基本社会服务保障，城市经济的运行提供了大量、稳定的就业机会，城市的自然和人造景观，多具有美学和人文历史内涵，使人心旷神怡，乐在其中。这也是为什么人们向往城市，因为它具有宜居优势。

城市的规模效益具有可持续性优势。首先是自然资源的集约利用。在有限的城市空间内聚集了大量的高密度的生产和消费活动，土地、水、能源的利用效率高，经济收益大。例如能源消耗量大的供暖，在大城市不仅可以集中供暖，而且还可以热电联供，余热利用，使单位面积的供暖成本和能耗均大大优于小城镇和农村。其次是减少交易成本，城市，尤其是特大城市是信息的汇集、产生和传播中心，信息快捷、准确、权威，信息获取成本低。由于特大城市地理空间相对狭小，社会交际、文化传播、货物运输、生活交通等可以在较短的距离、较低的成本和较快的速度内得以实现。再次是提升规模效益，较大规模的医院、学校、商业设施，需要服务一定数量的人口。社区图书馆的规模不可能大，因而其服务的内容和层次必然有限，这也是为什么大的体育场馆和文艺团体多集中于大城市，尤其是特大城市的原因。就是城市生活垃圾焚烧厂的建设，也必须要有一定规模的人口和消费，才可能产生足量的原料。最后是技术创新，由于信息量大、科技发达、市场发育，城市是科技创新的源地和中心。因而，在一定程度上，我们可以说城市对可持续发展具有积极促进作用。

城市让生活更美好，但各种"城市病"的出现和加重，却使许多城里人困惑、反思，让他们向往山庄田园生活。显然，城市，尤其是特大城市不是自然的产物，也不是传统的农业社会可以支撑的。历史上第一个超过百万人口规模的唐都长安，之所以不能持续繁荣，除了战乱和政治因素，很重要的一点是资源环境承载能力使其失去了宜居和可持续的物质支撑。工业革命推动的工业化进程，使得城市规模扩张的技术瓶颈不断得以突破，但当城市规模的扩张幅度大于技术实现空间或超过自然总量的刚性约束时，

"城市病"就必然不断出现，如果不加以治理，只能日趋严重。

城市的宜居挑战，第一表现在抗风险能力的脆弱性。城市的规模越大，其占据的地域空间也会越大，人口高度密集，资本沉淀量巨大，城市系统要素关联性极强，使得城市的社会、经济、环境的脆弱性随着城市规模的扩张而不断增大。近年来频次不断增加、危害不断加重的城市暴雨灾害，出现城市观海、街心荡舟、水进课堂等情况，断水、断电、断粮、足难出户，怎么可能宜居？即使是十年、二十年一遇，也会使人们谈水色变、心有余悸、台风、地震等自然或技术原因造成的断电，即使高楼巍峨，没有电梯，人们也只能望楼兴叹。第二是环境污染，大自然赋予我们天蓝、地绿、水净的生活环境，但我们的生产、生活使得城市的生态环境变得天霾、地秃、水污，垃圾围城，水源枯竭。第三是生活空间的过分压缩，人作为自然的一分子，需要一定的生活空间，生活在林立拥挤的塔楼里，即使买得起单元房，实际上也是"上无片瓦，下无立锥之地"，北向房更是一年四季不见阳光。地铁的拥挤，交通的拥堵，医院床位的短缺，幼儿园名额的限制，压力巨大，生活疲惫，又得不到舒缓。第四是贫富差距拉大，城市必然有一部分先富起来的，超级富有的权贵群体，占有优质资源，享受优美环境，豪宅奢华、尊贵。但也有另一个更为庞大的弱势群体生活在城市边缘，缺乏起码的体面和尊严。这两个极端群体的共存不受到遏制，必然使得城市社会难以和谐。

城市的宜居挑战也构成可持续挑战。如果城市不具足够的抗风险能力，而且灾害损失不可逆，显然就是不可持续的，如果环境污染超过环境自净能力，自然生产力退化、生物多样性消失，我们也就失去了赖以生存的环境。贫富差距拉大看似是社会分配问题，实际上也具有负面的可持续含义。富人浪费资源，消耗大量不可再生资源，穷人没有能力保护环境，提高效率，均构成可持续挑战。如果说上述挑战具有渐进或近期特性，有些长远的战略性挑战则更加影响到城市的生存和运行。首先是能源安全，城市是工业化的产物，工业化的能源基础是矿物燃料，而化石能源的贮量是有限的，不可再生的，中国的能源消费在改革开放前每年不足 6 亿吨标煤，2012 年已超过 36 亿吨，超过美国，成为世界第一大能源生产和消费国。而中国化石能源的探明储量和年开采量之比，石油只有 11 年。尽管煤炭储量相对较多，但远低于世界平均水平，而且均地处荒漠干旱的西北地区，开采利用和运输，均受到水资源短缺的严重制约。如果化石能源消耗殆尽，工业生产、城市交通、建筑供暖、空调，在可预见的短时期内，显然可再生能源生产的数量和质量难以满足城市社会、经济的正常运行。由于城市空间相对狭小，太阳辐射面积和能量显然不可能满足特大城市的经济运行。风能、水能、地热的时间、空间成本等固有特性，不仅是数量，而且其可控性也存在技术困难。其次是气候变化。政府间气候变化专门委员会第五次评估报告表明，全球地表升温 0.85 度，海平面上升 19 厘米是观测事实。如果海平面继续上升，我国特大城市集中的沿海地区，将面临危机。气候变化带来的升温、极端天气事件，将会不断恶化我们的人居环境，降低可持续性。

城市的竞争和规模优势，在技术瓶颈的制约下，已经转化成为挑战。城市的宜居与可持续性，是城市和谐的基本要求，既面临当前病态凸显的近忧，更有着生存威胁的远虑。只有依靠社会治理的创新，才有可能解近忧、去远虑。

第一是城市规划与建设的科学性。城市的道路交通体系、供水、排水体系、电力通信保障体系，随着城市规模的扩大，各种设施的服务效果具有非线性。2013 年 10 月 5 日台风"菲特"登陆，使上海变"海上"，杭州西湖"水漫金山"，给宁波造成直接经济损失 119 亿元，2 人死亡、1 人失踪。"菲特"对特大城市造成的冲击表明，城市地表硬化和自然蓄水空间被完全占用，让洪水无处可去，只能成为猛兽。小城市的功能分区有助于提高城市的宜居性，但特大城市也按比例放大功能分区，只能造成"睡城"，交通拥堵。第二是资源的分散布局。由于我国中央集权的分级管理体制，使得权力越集中的地方对资源的垄断地位就越强，城市规模扩张的动力就越强劲。不仅在区域层面的资源配置表现为极化特征，就是在城市内部，优质公共社会资源也是环绕权力中心而布局的。如果我们的省会和特大城市继续利用行政权力垄断经济资源，"城市病"只会加重。第三是高标准，严执法。城市是权力中心，如果没有严格的标准和执法，特权群体会花样翻新，维护并强化既得利益，使得"城市病"只能治标不治本。城市的社会与环境治理，我们缺的不是法律、规章、标准，我们真正缺失的是法律的权威和对法律的敬畏。第四是公开透明和公众参与。在法制规范下，网络就是一个很好的公众参与的扁平化治理的案例。封闭运行，层级管理，不仅缺效率，最根本的是公众的不认同、不接受、不配合、不行动。第五是依靠科技创新，提高治理和技术效率。节能、节水、节电、节地，可再生能源利用，循环经济，低碳发展，均需要技术和治理创新。但是，我们也要防止伪技术创新。例如，长沙欲建的838米的世界第一高楼，的确是节地。但是，水、人、物均要运到838米，需要消耗大量的能源来运行、维护，不可能节能。在这样一个高度密集的封闭空间里生活、工作，人作为自然的产物，显然会感到与自然相隔离，甚至有远离自然的恐惧。我们需要的是实实在在的宜居和可持续创新。第六是公平与效率的统一。不论是经济资源，还是环境资源，均存在一个公平与效率的问题。富人不仅占有较多的经济资源，而且也占用优质环境资源，从市场效率视角出发，这种配置具有其合理性。但是，公平的缺乏使得这种效率不可持续。因此，城市的社会治理必须引入强有力的收入分配和经济激励手段，例如能源、水资源消费的累进税机制，对于与自然生态水平相和谐的消费，给予补贴，对于基本消费，按市场价格，而对于浪费和奢侈消费，则课以高额累进税。

◇◇ 第三节　农业转移人口市民化

中国工业化吸纳大量农村人口转移到城市，但城市发展提供的社会服务远远不能满足农业转移人口的需求，从而出现统计上的名义城镇化水平与享受完全城市社会服务的实际城镇化水平的巨大差距，成为和谐城镇化的一道难以逾越的鸿沟。2012 年，按居住时间超过 6 个月计的常住人口城镇化率达到 52.6%，而能够享受城市社会服务的拥有政府认可的"户籍"人口的城镇化率只有 35.3%，相差 17.3 个百分点，这部分人口数量达到 2.34 亿[①]。到 2020 年，名义城镇化率达到 60%，"户籍"城镇化率达到 45%。国家新型城镇化规划进一步分析认为，实现从名义到户籍城镇化即"农业转移人口市民化"的障碍在于成本，需要社会各方分担，其中包括农业转移人口。但是，从另一方面看，农业转移人口之所以到城市里来，显然是有收益的。这里就有一个基本问题：农业转移人口市民化的成本与收益分析。

农业转移人口市民化是中国经济转型升级的一项历史性的宏大社会工程。对于这一工程的决策，原则上与所有工程项目决策一样，必须核算其成本收益。如果这一工程的收益太低、成本过高，得不偿失，靠行政手段仓促上马，也是注定要失败的，是不可持续的。相反，如果收益高于成本，社会不作为，甚至人为设障，小则造成经济损失，大则引发社会动荡，阻碍经济社会的发展进程。长期以来关于农业转移人口市民化的分析，多测算并强调成本，忽视经济社会收益，有可能误导社会，结果只能是维护甚至强化社会公正严重缺失的"户籍"制度，改革的方向，不是改进，而会演变成改退。如果考察收益，我们便不难发现，市民化的收益流巨大而持

---

① 　根据中国政府 2014 年 3 月发布的《国家新型城镇化规划 2014—2020》。

续，远大于成本。正确认识并核算农业转移人口市民化的成本收益，才有可能走向健康、品质、可持续的和谐城镇化轨道，实现美丽中国梦。

一 谁需要市民化

按照中国的户籍制度，如果居民的迁移不是自上而下的指令安排，自发迁入的居民，无论其是否有居所有就业，均不可享受当地居民同等的公共服务权益。但在另一方面，中国城镇化率的统计，则依据居民在居住地超过六个月时间计算。这样，在城市人口中就形成有城市户籍的市民、没有城市户籍的但属于当地市民土地被占用的城中村民，以及没有当地市民身份被称为"农民工"、"流动人口"、"农业转移人口"① 的非户籍市民。非户籍市民无权享受户籍市民的同等权益，例如选举权、被选举权、同等就业权、子女义务教育、医保、失业救济、退养等权益。在中国的一些城市，尤其是大城市，对非户籍市民的买房、子女入学、社会保障等设置了许多难以逾越的门槛。

严格说来，并不是所有非当地城市户籍人口都要求市民化；关注民生，实现社会公正，也不是强求全部非户籍人口当地市民化。首先，对于市域辖区范围内的"城中村"居民，由于土地被征用，一切依附于土地的生计保障不复存在。这部分人群需要市民化来实现其社会保障，社会也需要这部分群体通过市民化，减少社会摩擦，维护社会稳定。其次，对于"农民工"群体，需要加以甄别。如果是移民性或迁移性产业工人，有稳定的工作、固定的住所，缴纳各项地方税费，他们有客观上要求均等化的城市社

---

① 中共十八大以前的政府文件和媒体多称农民工，表明他们的身份是农民，他们的职业是工人，或流动人口，因为他们没有户籍，不能扎根，不断流动，因而成为流动人口。胡锦涛在中共十八大的报告中，首次使用农业转移人口来描述这一巨大而特殊的群体。

会服务，不受歧视，具有市民的政治、经济和社会权益。但是，如果是季节性工人，其目的是经济性的，没有市民化的意愿就该另当别论。例如新疆采棉季节大量的采棉工人、派往国外的劳务派遣工，他们没有在工作地点属地市民化的预期甚至愿望。许多在城镇短期工作的，时间可能超过半年，他们的归属不在他们短期工作尽管居住时间可能比较长的地方。他们所看重的，主要是经济权益，对于部分社会和政治权益，并不看重。再次，"流动人口"从字面上讲，是没有根基，或者没有愿望或打算扎根的居民群体。外籍劳工、国际机构常驻人员、国内其他城市或机构如企业长期派驻人员，均具有流动人口属性，这一部分居民群体，他们由所在机构负责一应事务，可以保障与当地居民等同甚至更好的社会保障服务。但是，他们不具备派驻地的选举权。他们对城市社会服务的需求，实际上是一种购买。这就与农民工这样一个被称为流动的群体形成鲜明对照。在很大程度上，他们无依无靠，经济、社会和政治权益均处于弱势，需要依靠自身但却无力购买城市基本社会服务。这一群体，需要按农民工的身份来考察。

最后，农业转移人口，从字面上理解，是离开农业生产而转移到非农部门的群体，由于就业部门改变，生活居住的地点也发生变化。他们不从事农业生产，脱离农村居住在城市。由于是转移，具有不可逆特性，不会流动回去。原有的社会经济和政治权益已经失去，而工作和居住地的各种权益，由于现行制度安排，而无权全部享有。他们所需要的，是各种当地市民的各项基本权益，包括城市社会服务、均等工作机会和所在地的各项政治权益。

从上面分析可见，真正需要市民化的，是城市辖区范围内的失地农民和农业转移人口。农民工或流动人口，如果属于前两种情况，则需要市民化；否则，就不需要市民化。

二 客观认识收益

中国的城镇化进程，是中国经济发展和社会进步的载体和推动力，在经济社会转型和生态文明建设中，收益巨大而持续。

第一，升级版的中国经济，市民化是增长的动力源泉。改革开放以前，经济发展的资金来源在一定程度上依赖于"工农产品剪刀差"，即农产品低于实际价值、工业制造业产品高于实际价值的不等价交换[1]，靠农业补贴工业、农村补贴城市，推进工业化、城镇化。改革开放以后，快速工业化拉动城镇化，主要靠外需和投资推动经济增长。在外需和投资的增长空间缺失的情况下，经济增长的动力就是市民化。根据中国政府 2014 年发布的《新型城镇化规划 2014—2020》，在规划的 6 年时间里，市民化人口要达到 1.36 亿，平均每年要新增户籍人口 2300 万；而且，城中村大量人口的市民化，以及由市民化带动的城乡统筹需求，构成中国经济增长升级版巨大而持续的动力源泉。如果说过去 30 年经济增长和城镇化是工业化拉动的话，未来 20 年，则只能是市民化提升工业化推进城镇化。

第二，巨大的社会收益。中国特色社会主义，是要消除身份歧视，而不是固化甚至强化这种歧视。一个对社会有巨大贡献的社会存在的群体的基本利益，也是社会整体利益不可或缺的重要部分。身份歧视对农业转移人口这一巨大的社会弱势群体造成的心理扭曲、生理伤害、生存压力和话语缺失，不可能使之成为社会正能量。留守儿童也是祖国的花朵，中国的未来。不论是谁，住有其所，病有所医，老有所养，话有说处，也是与生俱来的权利。从某种角度上讲，市民化的社会收益，甚至要高于经济收益。在"无知之幕"后的社会的最优选择，是使社会弱势群体的利益最大化[2]。

第三，巨大的环境效益。从规模和速度上讲，中国的城镇化工业化所造成的资源环境压力，也是空前的。2012 年冬延续到 2013 年春的全国大范围的灰霾环境，也使人们反思：如果美丽中国梦就是我们的环境天蓝、水净、地绿，我们为什么偏要将原本美丽的河山折腾为天霾、水污、地秃，

---

① 见百度百科，2014 年。

② John Rawls, *Atheorg of Justice*, Oxford University Press, Oxford, 1972.

然后再呼唤梦想、幻想当年呢？有人说，市民比农民消耗更多的能源、资源。在城乡二元结构的现实下，这一论断有统计数据的支撑；但是，随着经济技术的发展，人类社会的进步，集约的城市显然要比分散的农村要资源节约、环境友好。今天发达国家的实际状况就足以印证。

上述简单的分析可见，市民化有着巨大的经济、社会和环境效益，是中国经济升级的动力、保障和条件。

三　科学分析成本

在城镇化加速、市民化矛盾突出的情况下，一些权威部门和智库开展了大量的调研，对市民化的成本进行了估算。中国发展基金会 2010 年发布的《中国发展报告》得出的市民化成本为 10 万元/人。2013 年初国务院发展研究中心对农民工市民化的成本测算数据为 8 万元/人。毫无疑问，这些数据匡算也是有根据的，但是这些匡算在理论和方法上，存在许多值得商榷、改进甚至不能立足的地方。

从方法上看，所有这些成本测算均忽略社会成本。对农业转移人口实行身份歧视，子女不能随父母在工作和生活居住地享受基本的义务教育，排斥他们中高等教育和就业的均等机会，且不说被歧视人口的尊严和保障的缺失，经济上会造成大量的、不可估算的人力资本的损失。从经济上看，这些测算也有一些值得修正的地方。首先，从全社会视角看，不论在何处，均有一个基础设施和社会保障的投入。农村现实情况投入少，不等于没有，过去和现在投入少，并不表明未来投入也会少。近年来，国家财政已经逐步实施低保社保等社会全覆盖，尽管不同地区有差异。如果这样，市民化的成本，应该只计入增量成本，而不是完全成本。其次，市民化伴随着资产的转移支付。城市扩张用的土地，显然来自于农民。如果说土地置换这一安排有依据的话，至少市民化不需要额外计算土地成本。这部分土地资产的转移支付，从方法上讲，需要扣除。

在宏观经济层面，市民化的成本是一种投资。城市基础设施建设是投资，产生投资的乘数效应，扩大就业，增加收入；城市基本社会服务，包括教育、医疗、养老等，是成本，但更是就业机会，生活品质。从上述情况看，对待成本，需要科学分析，防止片面夸大。

四 突破利益格局

市民化的收益远大于成本，应该是不争的事实。如果不突破受到体制保障的既得利益格局的羁绊，市民化进程难以推进。城乡二元户籍格局衍生出体制内与体制外；国有企业与民营企业等多重二元构架，造就权利的强势和利益的既得群体要维系和强化这一格局，而权利的弱势和利益的受损群体又无力改变这一既有格局。我们的城市可以浪费很多资源，存在许多今天建、明天毁、后天再建再毁的循环折腾浪费，但建幼儿园、建小学、建社区医院，往往资金短缺。城市可以行政手段廉价或无偿获取农民的土地，但土地的增值收益，与世世代代以土地为生的农民无关。农民工在居住地照章纳税，农民工所在的企业交了城市建设费①、教育附加费②，其子

① 1985年2月8日，国务院发布《中华人民共和国城市维护建设税暂行条例》，从1985年度起施行。1994年税制改革时，保留了该税种，作了一些调整，并准备适时进一步扩大征收范围和改变计征办法。一般来说，城镇规模越大，所需要的建设与维护资金越多。与此相适应，城市维护建设税规定，纳税人所在地为城市市区的，税率为7%；纳税人所在地为县城、建制镇的，税率为5%；纳税人所在地不在城市市区、县城或建制镇的，税率为1%。

② 凡缴纳产品税（后改为消费税）、增值税、营业税的单位和个人，除按照《国务院关于筹措农村学校办学经费的通知》（国发〔1984〕174号）的规定，除缴纳农村教育事业费附加的单位外，都应当缴纳教育费附加。税率以各单位和个人实际缴纳的产品税（后改为消费税）、增值税、营业税的税额为计征依据，教育费附加率为3%，分别与产品税（后改为消费税）、增值税、营业税同时缴纳。

女应该享有义务教育的权利。农民工的工资中应该包括劳动力简单再生产的费用，不仅包括基本的衣食住行、老弱病残孕的生存保障，还包括劳动力再生产即抚养后代的费用。一些城市的决策者相信"成本"说，忽略权利或收益说，显然是对既得利益格局的认同和维护。但是，这样一种"又要马儿跑又要马儿不吃草"或"竭泽而渔"的不完全城镇化，显然是不和谐的，注定不可持续，不可能实现美丽中国梦。

　　发达国家的城市化进程中的机会均等与基本保障的实践，有可以学习和借鉴之处。在美国留学后留美工作的中国籍从业人员，除了一少部分在高校和国家研究机构外，多数非常坦然地在私营企业或自我创业，似乎少有体制内外之分①。日本 1945 年的城市化率只有 27.8%，25 年后提高到 72.1%，其城市化速率也不可谓不高。为了解决"打工者"住房问题，日本建起了"公团住宅"和"公营住宅"等利用公共资金建设的公共住宅。1960 年代初推行的"地方分散"计划，使人财物从大城市反流回地方，就近就业，就地城市化（蓝建中，2013）。新加坡从独立到 1980 年代初，快速工业化城市化，短短 20 多年时间，政府住房发展局给 80% 的国人提供了楼房单元。在 1990 年代，甚至高达近 90% 的人口在住房发展局提供的房子里居住（Chin，2004）。新加坡国土面积狭小，人口高度密集，通过政府垄断和私有化的住房政策，不仅保障了居者有其房，而且为新加坡的发展提供了动力（Wong and Xavier，2004）。

　　打破利益格局，需要立法执法。如果我们的城市以既得利益群体自我利益最大化为目标，而忽略农业转移人口群体的利益，国家利益和社会利益就不可能最大化。打破现有利益格局，需要给农业转移人口以话语地位和话语权利。作为国家最高权力机构的全国人民代表大会，直到进入 21 世

---

　　① 2013 年 1 月 5 日《黑龙江晨报》报道：哈尔滨市面向全国公开招聘清洁工，共有 29 名研究生报考，其中 7 名研究生经过竞聘已经上岗。

纪，才有农民工代表，但数量却极为有限，2013 年举行的第十二届全国人民代表大会只有 31 位农民工代表，显然难以体现 2.6 亿农民工的经济和社会权益①。改革开放前，只是单一的城乡二元利益格局；改革开放后的利益格局，涵盖城乡户籍、市（镇）域内部城乡户籍、城（镇）区户籍与非户籍的多重二元格局，但本质上还是城乡二元格局。要打破现实利益格局，首先，必须要在法律上厘清并确认市民化的社会成本与社会收益，使改革和发展的收益惠及每一个对工业化、城镇化做出贡献的市民，不论是老市民，还是新市民，抑或源自农业转移人口的无当地户籍市民。既要看到成本，也要看到收益。其次，以立法形式，使社会和经济资源的配置分散化、市场化。一线城市和省会城市之所以吸纳农业转移人口多，城市病突出，不堪重负，关键在于行政权力的集中导致经济和社会资源的垄断。中国最好的教育、医疗、文化、体育等社会服务资源，需要从一线和省会城市有序分散转移到众多三线、四线和中小城市以增加其城市发展活力，提升就业机会，减少大城市的人口和交通压力，推进社会公共资源的均等化配置。最后，或者最重要的，是执法，而且不是选择性执法。应该说，中国的法律体系已经相当发达，劳动法、义务教育法、社会保障等，均有明文规定。但是，一些城市和决策者选择性执法或规避一些法律，使法律得不到有效实施。如果储备的国有土地是国有的话，其收益用于市民化的保障房建设，可以弥补大量资金缺口。宪法赋予公民选举权与被选举权，这种权利需要在工作生活居住地得到实现。

---

① 农民工人大代表从 5 年前的 3 位增加到第十二届的 31 位，代表 2.6 亿农民工。姚雪青：《聚焦 31 位农民工人大代表：身后是 2.6 亿农民工》，《人民日报》2013 年 3 月 12 日。

◇ 第四节 城市规划格局

新型城镇化是生态文明建设的载体，生态文明是检验城镇化是否"新型"的有效测度。城镇化进程中城市病的凸显，标示着生态文明建设的欠缺。习近平谈到破解城市病时强调城市规划在城市发展中起着重要引领作用，规划科学是最大的效益，规划失误是最大的浪费，规划折腾是最大的忌讳。生态文明的新型城镇化，城市能否和谐发展，关键在科学规划。

城市空间的功能匹配。城镇化的空间格局，源于自然形成和产业投资驱动，皆有科学规划的内涵。工业化进程的扩张需要和技术水平的不断提升，使人们在城市空间布局和规模格局的规划上人工造城，改变自然。大规模投资可以迅速造就一座新城；产业扩张可以圈地数十乃至上千平方公里，立即成为一个厂房密布的工业园区。工业文明的利益导向，追逐资本的快速大量积累和利润的最大化，忽略生态文明的天人合一，尊重自然、以人为本的基本要素，使得城镇化规划的重心在产业而不在城市，在利税而不在民生，导致工业化驱动下的城镇化格局重心失衡。

从总体上看，我国城镇化空间布局包括东中西部的区域格局、大中小的规模格局和城市功能分区格局。改革开放后，中国经济不断深化融入世界经济一体化进程，大规模的工业化投资强力推进城镇化进程，使得我国城镇化的区域格局表现为当前东部密集呈带、中部点聚成片、西部散点扩张的总体态势。东部沿海地区有着劳动力密集型外向型经济的区位优势，产业规模的扩张，吸纳大量产业工人，使得东部地区产业驱动的城镇化连绵成带。由于外来人员过度集聚，城市基础设施和社会服务功能不完备，数以亿计的农业转移人口难以在东部就业地实现就地市民化。中西部相当部分的骨干产业，尤其是20世纪中叶政府主导的"三线"企业，随着市场经济的大潮向东部转移，国内人才和资金也大量"孔雀东南飞"。中部地区为了提升省会城市的"经济首位度"，扩充规模，聚点连片。西部地区能源矿产资源的大规模开发外输，促使西部城市点状扩张。

从规模结构上看，大城市外延扩张力量强劲、中等城市发展空间受到挤压、小城市发展动力不足。大城市人口占城市总人口的比例从改革开放前的24%提升到目前的43%，而同期小城市人口占比则从65%下降到45%。在城市功能分区上，强调规模产业园区导向，忽略功能有机结合，出现功能匹配失调。动辄数平方公里，乃至上百平方公里的产业园区，远离城市公共服务体系；即使是居民社区住宅建设，也是规模成片，独立于城市公共服务体系的商业开发，忽略甚至排斥产城融合和公共服务设施配套建设。

由于城镇化体系布局的失衡，造成我国人口的周期性候鸟性涌动：节假日尤其是春节期间的东部向中西部、大城市向中小城市和乡村的大规模客流集中，城市大型居民住宅区向就业岗位和社会服务集中的产业园区、老城区上下班的潮汐流动使得城际交通和市内交通不堪重负。产业园区和人口在大城市高度集聚，占用大量优质土地，压缩绿地空间，房价高企；中小城市以廉价资源吸引高能耗、高排放产业投资，超出了城市环境自净能力，造成资源短缺、水源污染、雾霾横行。我国城镇化空间格局的失衡，是城市病形成并加剧的重要根源所在。

投资驱动、利益导向的城镇化规划，使得我国城市成为"世界工厂"的载体。新型城镇化，必须要用生态文明理念提升和改造工业文明，科学规划，融城市于自然，还城市于民生。

这就要求我们划定发展边界。工业文明下的城市规划，技术、资金、利益是基本要素，不需要设定城市发展的边界；只要有利润空间，可以不断扩张城市边界。生态文明的新型城镇化，认同城市规划和发展的空间边界，强调与自然的融合，要求明确地划定城市发展边界。

实际上，我国城市区域格局的形成，客观上表明城镇化体系发展受到自然环境限制，存在边界的刚性约束。从空间总体格局上看，在一定程度上与资源环境的基本格局相对应：东部生态系统自然生产力较高，西部生态环境较为脆弱。但是，我国未来城镇化进程，需要吸纳超过2亿的已经工作生活在城市的农业转移人口，接纳近3亿的新增农业转移人口。在目前的空间格局已经与资源环境承载能力出现不协调的情况下，如何使我国城镇化的速度与规模在空间格局上与资源环境承载能力相适应？

首先，必须严守耕地红线，确保粮食安全。城镇化改变地表结构，使土地利用难以逆转。东部单位面积的土地生产力，是西部的数倍乃至数百倍。如果东部城镇化无序扩张占用土地，西部耕地产能难以实现占补平衡。13亿人的饭碗，不能期望依赖世界粮食市场。因而，东部的城市连绵带，必须要有粮食生产空间、绿色生存空间。要使水清、山秀，鱼米之乡"香"起来，仅有空洞的耕地红线是不够的；侵占良田，是为钱财计，保护良田，也必须要有比较利益的保障。城市扩张"摊大饼"侵占良田，表面上看是有经济利益的回报，但实际上，从生态文明的视角，不可持续，得不偿失。例如北京，2300万人口的基本保障，基本依赖工业化技术手段：能源来自"西气东输"和内蒙古、山西，供水依靠"南水北调"和周边调剂，蔬菜全靠铁路公路。化石能源是不可再生的；千余公里外的水源具有自然的波动性和不确定性。蔬菜生产、储存和运输，不仅增加能耗和成本，而且也存在食品安全风险。从这一意义上看，北京"摊大饼"占据蔬菜和粮食生产的耕地，也对北京以外的地区耕地红线保护有不利影响，因为各种必需品的生产、储存设施和运输线路必然要占用耕地。

其次，必须核算环境容量，划定生态红线。西部地域空间广阔，但水热资源构成刚性容量约束。西部大开发，并不意味着西部大规模城镇化，在西部搞高污染产业园区、搞山水园林城市。在水资源短缺的城市超容量抽取地下水和截取河流自然径流，投资防渗设施，搞与自然隔绝的人工河湖湿地景观、高尔夫球场，违背自然，不可持续。而且，由于西部和中部是东部的屏障和源头，西部和中部的生态退化和污染，会降低甚至毁坏东部的承载能力。这就意味着，我国"两横三纵"的城市化战略格局，并不必要也不可能是均衡布局，尤其是西部环境脆弱地区，不可能超越气候容量，大规模拓展城市群、打造城市和经济增长极限。中西部地区城市发展的开发强度，必须尊重自然，强化生态红线的刚性约束。城市在有限地域空间内的高人口密度、高经济强度和高污染负荷，必然依赖于周边环境容量的支撑。城市的开发边界，实际上是生态红线约束。城市对外界依赖程度越大，脆弱性越高。所谓"小的是美好的"，其逻辑基础就在于顺应自然，与自然相和谐。

最后，让城市融入大自然，顺风顺水。让居民望得见山、看得见水、记得住乡愁，不仅仅是生活品质的表征，更重要的是顺应自然的要求。如果我们的城市阻隔风道、堵截水系，大气自净能力必然下降，水患（短缺和洪涝）必会加剧。"木秀于林，风必摧之。"竞相攀比"第一高楼"，不仅风险加大，而且楼体强度增加、高度增加需要消耗更多的资源；尽管有可能增加土地容积率，但总体上会占用和浪费更多的环境资源容量。提高土地容积率，并非越高越好。多层建筑在超过一定高度后，物品搬运、人员上下、用水提升，能耗呈非线性上升。一旦供电体系和设备出现故障，高楼的风险和脆弱性表现为非线性放大的规律。超高层建筑的消防安全，已经出现"力"所不能及的情况。

要求公共资源均衡配置。生态文明寻求和谐，而和谐的一个基本准则是各种要素成分互为依托成比例。生态文明的新型城镇化，不应该也不可能出现数十平方公里的工业园区而没有社区和公共服务设施、数平方公里的睡城而方圆十多公里没有就业场所。工业文明下的城市规划，利用投资和技术手段搞各种交通设施来"运动"人口，而生态文明的科学规划，要求产城一体、职住融合、资源均衡，各种要素比例搭配，就近"定住"

人口。

　　城市作为社会公共资源的集聚地，提供城市居民需要的各种社会服务。如果公共资源过分集中，占有垄断地位的城市的规模和边界就难以得到有效控制，中小城市的宜居和发展空间必然受到打压。

　　我国最优质的教育、医疗卫生资源和文化体育资源，多集中在一线城市、直辖市、省会城市。大城市之所以越变越大，与其对社会公共资源的垄断集中程度高直接相关。作为首都的北京，2012 年共有普通高等院校 91 所，全年本专科在校生达到 57.7 万人；其中 52 所高等学校和 117 个科研机构在学研究生达到 20.9 万人。大城市不仅集中了优质的公共服务资源，而且集中把控着优质基础设施和经济资源。交通枢纽多集中在大城市，而且多不与中小城市分享。这些优质资源也多集中在城区。例如北京东单地区，集中了协和、同仁和北京三家国家级医院；海淀中关村地区，则高度集中了国内知名高校，包括中国科学院研究院所和一些部委研究院所的国家级科研机构。

　　国外除金融服务业相对集中外，其他公共资源和产业布局相对分散。英国知名高校牛津、剑桥并没有在伦敦；剑桥的医院并没有在城区，但在城区有遍布社区的全科医生小诊所。美国加州大学有 10 个分校，遍布加州南北，而并非集中在洛杉矶或旧金山。私立的斯坦福大学，也没有傍大城市。荷兰首都名为阿姆斯特丹，但政府和王室、最高法院等都在海牙。南非甚至有地理空间完全隔离的三个首都：行政首都（中央政府所在地）为比勒陀利亚，司法首都（最高法院所在地）为布隆方丹，立法首都（议会所在地）为开普敦。

　　要破解我国的大城市病，社会公共资源的均衡配置成为必需。第一，行政和优质教育、医疗和文化资源需要避免过分集中，防止规模不经济。巴西首都从沿海迁到内地、韩国行政首都迁出首尔，缘于优化区域优质资源的空间布局；北京首钢外迁是调整产业布局促进绿色发展的需要，这种外迁，有必要延伸到制造业以外的优质三产资源。第二，城市基础设施需要凸显区域公共属性，不在所有而在共享。例如首都第二机场如果建在唐山或保定，城际轨道连接可以实现同城化，不仅可大幅减少北京的资源环境和人口压力，也有利于北京周边结构调整和环境质量的改善。大城市的轨道交通与周边中小城市贯通，可以有效分担城市功能，防止城市体系的空间割裂，软硬件设施的融通互联，可以破除地区割裂，实现同城化。第三，城市空间必须产城一体、功能融合。防止职住分离、功能分割，造成资源浪费。第四，科学理解"提高建成区人口密度"的内涵。我国城市建设，中心城区的极化地位十分突出，几乎所有大城市，均拷贝北京的环路格局，城市中心区、老城区的人口密度超过 2 万；而在开发园区、新城区，人口密度却很低。在总体上提高建成区人口密度，还包含疏散老城区、中心城区人口的内容。不然，中心城区的交通拥堵、供水紧张、污染严重、房价高企的城市痼疾的治理，就不能釜底抽薪，最终难以根治。

符合生态文明理念的科学布局不仅是新型城镇化的特征，更是新型城镇化的保障。认知和顺应自然，减少与大自然的摩擦，不仅减少了对抗大自然（例如远距离调水或超采深层地下水）的资源耗损，而且节省社会运行的环境成本。落实科学布局，城镇化规划、布局和形态，需要严格执行以环境承载能力为基础划定的生态红线和大城市发展边界，政府是执法者，而不应该是违法者。这就要求改进城市发展考核评价机制，纳入自然资源资产债务、生态效益、就业保障、居民健康等指标，弱化经济增长速度权重。在政策手段上，通过资源消费累进税和生态补偿等经济手段，引导并支持社会公共资源均衡配置和区域基础设施资源共享，逐步化解优质公共资源过度集中的痼疾。

在我们这样一个自然资源状况差异巨大、生态环境极其脆弱的国土空间实现 13 亿人口的新型城镇化，满足绿色宜居人本的要求，资源环境的约束具有刚性，社会经济发展的挑战十分严峻，在人类发展历史上没有先例。

微观层面的技术效率有助于缓解资源环境压力，但更重要的，在于强化生态文明建设，尊重自然、顺应自然，构建与资源环境承载能力相和谐的科学合理的宏观布局，界定并发挥市场和政府的作用，均衡配置社会公共资源，确保我国的城镇化进程绿色健康。

◇ 第五节 协同均衡和谐发展——燕郊镇的案例①

河北三河市燕郊镇距天安门仅30公里，人口规模已达50万。在人口和产业上，燕郊镇已经具有市场助推的事实上的一体化雏形，但由于体制上地区分割的行政思维和管理定式，交通、电力、上下水等硬件基础设施和教育、医疗、社保等软件服务设施多方面的衔接十分欠缺，阻碍北京人口与产业的有效疏解。

燕郊的优势在于靠近北京，劣势在于不隶属于北京。这就使得燕郊的发展，一方面成为北京城市边界的外延，另一方面又成为一个独立于北京的城市。在承接北京人口和产业外迁上，三河寻求与北京"无缝隙、无差别、无障碍对接"，主动寻求融入北京半小时经济圈。在基础设施建设方面主动对接北京。交通上，以区域内部道路交通建设为抓手，将北京公交引入境内，融合北京与三河的城市公交。启动北京轻轨引入燕郊、京哈高速出口互通立交的前期准备等工作；供电上，引进北京的局域网，形成北京、河北两套供电系统；供水上，引入北京高碑店污水处理厂的中水供电厂使用；供热上，由北京热力公司投资4亿多元对电厂供热网络进行改造，利用电厂热源供热燕郊。

作为独立于北京的城市，燕郊打造特色品牌园区作为承接北京产业转

---

① 2013年12月，笔者应邀到河北三河燕郊调研，深感燕郊个案具有普遍性，参与调研的还有陈洪波、李庆等同志。

移的载体。发挥园区作为产业转移载体的功能，与北京错位发展，承接北京产业转移；以三河国家农业科技园为核心，打造以现代都市农业为特色的科技成果推广和休闲旅游精品观光农业基地，形成都市农业集聚区；建设科技成果孵化园区，完善科技成果孵化功能；仅燕郊就从北京中关村引进81个高科技项目孵化，其中24个已经毕业。地处燕郊的三河园区经济总量占全县的70%以上，财政贡献占全县的80%以上。除产业支撑外，打造宜居、宜业的生态环境。坚持"青山映城、秀水润城、馨绿满城、通衢畅城"的理念，按照对接北京的标准，大力度地推进生态环境建设。实施了绿道绿廊、节点绿化、公园绿地、封山育林"四项工程"，建造"平原森林城市"；启动了潮白河上游生态补水和水上公园工程，开展了潮白河、幸福渠河道综合整治，推进了东、西市区环城水系建设，城市绿化覆盖率、绿地率、人均公共绿地面积分别达到43.3%、38.6%和12.3平方米。先后拆除23家水泥、矿粉企业的53条生产线，淘汰产能1557万吨；取缔手续不完善的30家搅拌站，淘汰产能1260万方；逐步关停矿山、水泥等相关产业，全年空气质量二级以上天数达到298天。

燕郊的发展对疏解北京功能、资源、环境和人口压力，发挥了一定的作用。镇域内常住人口50万（户籍人口23万），其中有15万在北京上班，有10余万在燕郊当地就业。2015年规划人口60万。显然，户籍以外的人口多为直接或间接承接的北京人口。事实上燕郊镇在相当程度上是北京城市边界的外延，但在体制上又不允许成为外延。每天往返三河与北京之间的通勤人数约40万人次，没有大容量快速轨道交通，仅靠公交和私家车，高峰交通极度拥堵，造成巨大的社会、时间、资源、环境成本和心理负担，甚至造成社会稳定和安全压力。教育、医疗和社会保障差异阻碍北京人口迁居燕郊。燕郊镇在发展医疗健康、养老产业上做了大量工作，希望以此吸引北京的相关人群到三河居住，但由于社保政策不衔接、医保报销比例及范围不统一等，实际效果不甚理想，有北京户口或长期在北京工作的人因行政区域分割而不愿迁居三河。由于燕郊城镇化进程的加快和机构规格的制约，导致教育、卫生、公安等公共服务资源配置相对滞后，优质教育资源城乡分布不均衡，部分学校班容量过大；医疗卫生资源总量不足，高水平的医疗卫生人才相对匮乏；政法专项编制较少，社会治安压力较大。

燕郊镇在中国的等级体例下，处于行政管理的最低的"科级"层次。尽管其人口和经济规模已然达到大城市水平，但由于行政层级的不对等性，却很难与"省部级"对话。燕郊虽"小"，但小中有"大"。推进国家治理体系和治理能力现代化，需要全面深化改革。京津冀能否率先实现协同发展，限定和规范政府作用，发挥市场在资源配置尤其是人口和产业疏解方面的决定性作用，对我国城市群的形态和布局，有着极强的引领和示范意义。

如果燕郊镇不是北京的边界外延，就要强化落实北京的功能定位，严格限定北京城区的发展边界，推动北京走科学发展、理性发展、高品质发展和可持续发展之路。防止超越北京明确应有功能的越位发展，必须强化落实和执行北京的功能定位，突出北京作为国家政治、文化、国际交往和科技创新中心的核心功能。北京91所高校，近百万在校生，这样超规模的优质高等教育，并非是首都的核心功能；如果大力发展轨道交通，必然减少北京人口和资源压力，能够使京津冀同城化成为现实。

作为一个独立城市，燕郊镇也必须有自身的发展定位和城市功能。这样，燕郊镇是首都经济圈城市群的一员，而不是首都的外延空间。燕郊镇与北京、天津和河北其他城市在产业发展、基础设施建设和社会保障上的一体化进程，就变得尤为重要。北京周边的城市，不是也不应该是北京"摊大饼"的面料和空间。它们应该功能完备、自我独立、协调互补。北京与周边城市需要产业分工协作，形成合理的产业梯度分工，鼓励北京企业向周边迁移；不住在北京，也可均等享有社会公共服务。在环境治理与生态保护方面，实现有效而且长效的联防联动。

第 五 章

资源关联与生态安全

一定区域内的资源环境容量或承载能力，尽管某些因子占有比较重要的地位，发挥着较大的制约或支撑作用，但生态容量或承载力是多个自然因子共同作用的结果，而且，这些因子相互关联，互相影响，支撑着中国经济和社会的发展。中国长期的生态文明建设实践，遵循生态的系统属性，关注资源的关联特征，弱化资源关联的短板效应，划定生态红线。这些都有利于推进中国生态文明的整体转型。

◇ 第一节　资源关联

我们常说"牵一发而动全身"，形容的就是一个系统的各个部分之间、部分与整体之间的一种关联。生态的系统属性讲的是系统的组成部分和各自的功能，而资源关联强调的是各种要素之间和各个系统之间的相互影响。

所谓资源关联，许多讨论是在国际政治层面。例如，Andrew-Speed[1] 考虑的资源关联主要是从安全的角度，涉及市场关联、战略关联和局部连锁影响三个层面。由于全球化、科技发达，使得一个地方某种资源的市场波

---

[1]　Philip Andrew-Speed，德国马歇尔基金会跨大西洋学会（Trans Atlantic Academy）。2012 年在资源关联安全北京研讨会上的发言，2012 年 9 月 15 日。

动会影响另一个地方的资源生产和供给。一个国家的政策会影响另一个国家或地区的资源安全。一个国家所制定的关于一种能源的政策可能会影响到其他国家的其他品种的能源。比如说，在欧洲出台了一项关于深化物质能源例如生物燃料的政策，会影响非洲国家的粮食供给。对于跨境河流，上游国家的水资源利用决策和行为对下游河流的水安全产生巨大影响。一个国家出台的汽油政策、水政策都相互不关联，但是，会产生相互影响。土地是化石能源、风能、太阳能、生物能源的基础，水资源对于能源、矿物、食物，也是基础。页岩气的开采，与水直接关联。

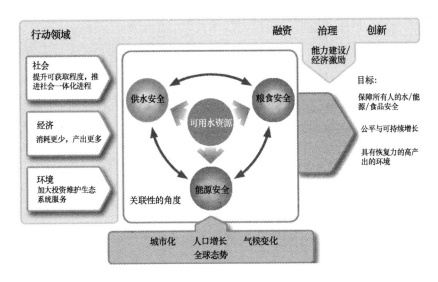

图5—1　资源关联的安全内涵

但是，更多的关于资源关联的讨论，是从发展的视角出发的。2000年联合国制定的千年发展目标（MDGs），多侧重消除贫困所需的自然资源，而对自然资源之间的关联重视不够。例如，在MDG中，水安全的界定为获取安全的饮用水和干净水，甚至连人类的其他用水和生态系统用水都没有涵盖。而能源安全被界定为获取清洁、可靠、负担得起的能源服务，用以炊事、供热、照明、通信和生产，没有考虑能源生产和消费中所涉及的土地、水和粮食问题。关于粮食安全，联合国粮农组织的定义是有而且可获取足够的、安全和有营养的食物，满足饮食需要和有活力而且健康生活对食物的偏好也是就粮食而论粮食。在千年发展目标的执行过程中，人们发现，各个目标之间密切关联。因而，在"2015 年后发展议程"和"可持续发展目标"（SDGs）制定的联合国进程中，资源关联被提升到重要位置。一些智库也开展了相应的工作①。联合国可持续发展里约峰会授权成立的酝酿可持续发展目标的开放工作组提交的可持续发展目标草案，原则上还是考虑单个因子，但在具体目标中涉及一些相关因子②，例如关于水的具体目标中，明确提出了保护和恢复生态系统。

关于水、能源、土地或粮食之间的关联，最简单的理解就是：三者之间紧密联系，互不独立，彼此制约。例如粮食的生产，需要水、土地和能源等资源要素。它们相互依存，共同作用，才能有粮食产出。有水没有土地不能生产谷物；有土地没有水，例如干旱缺水的荒漠或沙漠，寸草不生，产不出粮食。传统农业没有用商品能源，似乎能源服务在粮食生产中关系不大。但是，现代农业生产中，农业机械设备、灌溉排涝、农药化肥，商品能源消耗不可或缺。尤其是在当前化石能源面临枯竭的情况下，光伏发电占用日照资源，作物不能光合作用，因而也不能生产粮食；土地和水资源用以生物质能的生产，与粮食形成直接的竞争关系。生产生物柴油，不仅需要大量的土地资源，而且需要大量的水资源。根据测算，生产 1 升燃油，所消耗大豆在生长期蒸发的水量高达 10 吨，甘蔗需要 2 吨，糖用甜菜，也需要耗水 0.5 吨③。用以粮食生产，每吨水所生产的热量，也只有 3000 千

---

① 例如 SEI, 2011, Understanding the Nexus, Background Paper Prepared for Bonn Conference on Water, Energy and Food Security Nexus: Solutions for the Green Economy, Nov. 2011, pp. 16 – 18。

② UN OWG (Open Working Group) on Sustainable Development Goals, July, 2014.

③ Hoogeveen, J., Faures, J-M. and Van de Giessen, N., *Increased Biofuel Production in the Coming*, 2009.

卡左右，价值量也多不足 1 美元① （表 5 - 1）。

表 5—1　　　　　　　　　水用于不同农作物的生产率范围

	小麦	土豆	西红柿	苹果
千卡/立方米	660—4000	3000—7000	1000—4000	520—2600
美元/立方米	0.04—1.2	0.3—0.7	0.75—3.0	0.8—4.0

　　各种自然资源关联的特性表现在自然波动的相互影响上。例如，风调雨顺，则对能源需求少，粮食产出高。而干旱少雨或暴雨洪涝，则需要消耗大量的现代能源服务，灌溉排涝。这样一个传导性表明，有一个出现安全问题以后，会传导一系列的问题。水安全问题，没有水就造成干旱，土地资源就失效，进而影响土地资源的安全和粮食安全，这样它就可以通过关联进行传导。对中国资源的关联问题我们还可以再做一点考察。考虑当前的发展阶段和人口因素，中国的多重安全因素并存，也就是说，资源关联安全应该是一种整体和各部分之间的关联安全，不是单个因子的安全问题。这是因为，中国人均生态或自然的资源占有量低，总量匮乏短缺，有量上的约束。不仅这样，还有质的约束。环境污染，水质恶化，以及已经很严重的土壤重金属污染，三十年、五十年可能都难以清除。质量的退化，有水、有土地，什么都有，但是由于这样重金属的污染，生产出的粮食有毒，不能食用，产量再高也存在粮食安全供给保障问题。所以，质量的安全也极其重要。

　　关联安全实际上是资源关联安全，各种资源要素之间，还存在权衡取舍需求的问题。我们说，为了保障能源安全，我们可以种植能源作物

①　Molden D.，Oweis T.，Steduto P.，Bindraban P.，Hanjra M. A.，Kijne J. (2010)，*Improving Agricultural Water Productivity：Between Optimism and Caution*，*Agric Wat Mgmt 97*，pp. 528 – 535.

来生产生物柴油，生物燃料，当前的科学技术水平和能力，表明工业化商业生产是可行的。但如果保障能源安全，粮食安全就存在风险，因为生物质能生产需要土地和水。所以，在粮食安全与能源安全之间，我们存在权衡取舍的问题。生态安全、能源安全、粮食安全同样也存在权衡取舍的问题。

为了保障能源安全，煤矿开采造成地下水系的破坏，而地下水系在许多情况下是历经长久地质年代形成的，三十年、一百年都不一定能够恢复。在这样的情况下，整个的生态系统和粮食生产都受到严重的制约和干扰。我国一些产煤省区由于对化石能源的不科学开采、过度开采，使得煤炭采空区地下水系受到破坏，生态系统和粮食生产安全都受到巨大不利影响。

中国资源安全具有全球含义，资源关联特性表明，中国的生态资源的存量和波动会传导至全球。首先，中国经济对外的依存度非常高，中国的许多初级资源，例如石油、铁矿石乃至大宗农产品，对外有较高的依存度。进入2010年代，石油的对外依存度超过60%，铁矿石年进口高达8亿吨，食用油原料大豆基本上都是靠国外进口。所以，对外依存度高，资源性产品的进口量大，对国际资源市场是一个机会，对中国生态平衡是一个支撑，但也意味着资源安全的脆弱性和风险。

例如大豆，2011年相对于2010年，中国实际进口量减少了4%，但是支付价格增加了近20%。原油进口了2.6亿吨，相对于2010年只是增加了6%，但是所支付的费用增加了45.3%。美国可以稳定原油的价格，中国现在没有这样的能力，没有定价权，只是被动地接受。油是最为明显的，粮食产量也是这样。这些对资源关联安全的影响不可低估。

资源安全具有全球属性。中国的气候安全形势十分严峻，气候容量的空间格局影响和决定着中国的人口和经济分布。由于中国历史的气候变迁和当前的全球变暖趋势，气候变化使得我国西北地区的气候容量进一步萎缩，气候移民不可避免。陕西在2011年启动了一个为期十年的移民计划，涉及 240 万人口，显然是气候容量不足以支撑如此大量的居民生存，只能转移到其他地方。宁夏地区的气候移民也已进行了十多年。当前的极端气候事件，洪涝干旱、海平面上升等，对我国经济最为发达的珠江三角洲地区、长江三角洲地区、环渤海地区等沿海低洼地区经济的影响，也是不言而喻的。

全球气候安全引发一系列国家利益和安全冲突。各国因控制温室气体排放的严格程度差异而可能导致国际贸易的比较优势变化而导致国际贸易摩擦，比如欧盟航空关税，边境调节税问题，也涉及能源安全，不仅仅是国内的，在国际上也存在因气候变化而引发的安全问题、气候移民和气候难民问题。发展中国家如果出现气候难民的话，对世界显然构成一种安全挑战。水、粮食、生物、能源的安全，一个地方的一种安全，造成关联的传导影响，也可能构成一种国际的全面的安全问题。

大宗资源产品包括粮食、石油、矿石的远距离运输，引发运输通道的安全担忧。2010 年代中国进口石油每年达到 3 亿吨，主要通过海上运输。但航运、航海的安全问题同样非常严峻，海盗、海洋权益的争端，地区的军事冲突，都对大宗产品的运输安全构成很大影响。

中国需要将全球资源关联安全，纳入国家安全的议事日程，寻求国际合作，承担相应责任。首先，在全球层面，需要有一个国际治理构架。国际合作不是一个国家能够考虑的。关联安全是全球性的，需要多边—双边通过协商达成一种国际安全架构。作为负责任的发展中大国，中国十分重视气候变化，对于国际贸易和生态安全等重大资源关联安全议题，不是被动参与其中，而是积极贡献，寻求话语地位，将资源关联安全通过国际法律的架构得以体现和保障。

除了国家以外，在地区层面的合作，双边合作，多边合作，也不可或缺。地区双边层面的对话、交流和合作，对资源关联安全有着十分重要的作用。中国发展所需要的两种资源、两种市场，需要有国际安全的应对策略。资源关联安全的国际政治博弈实际上是为保障国家经济利益，因而，经济话语地位尤显重要，中国是世界上最大的铁矿石进口国，但几乎没有产品的定价权。这也意味着中国的公司，尤其是国有公司在国际市场交易中，需要强化能力建设，提升资源关联的经济安全。

对于国内的应对，质量非常重要，一定要加强质量安全管理。外来物种入侵，污染物排放，需要监管；对土壤的重金属污染，也需要尽快地、有规划地治理。

◇ 第二节　生态功能定位

中国的地形地貌和气候特征，构成了中国特定的自然生态系统。从地形上讲，中国西高东低，因而水系多从西北高原流向东南注入海洋。中国的季风气候特点，使得降水季节性强、时空分布不均，夏季台风活跃降水集中，而冬季北部冷空气团影响面积大，气温低、降水稀少。西北高原和山地不仅生态脆弱、承载能力低，而且也是工农业生产、城市和人居环境的生态屏障。对脆弱地区的生态保护，也就是对相互关联的空间生态系统的保护。尊重和顺应自然，需要考虑空间的系统关联，开发和利用生态资源。

在工业化、城镇化快速推进并出现产业从沿海向内陆转移和内陆城市化大规模发展的情况下，中部和西部的脆弱生态环境面临严重威胁，迫切需要根据不同区域的资源环境承载能力、现有开发强度和发展潜力，统筹谋划人口分布、经济布局、国土利用和城镇化格局，确定不同区域的主体功能，并据此明确开发方向，完善开发政策，控制开发强度，规范开发秩序，逐步形成人口、经济、资源环境相协调的国土空间开发格局。

所谓主体功能，指的是在生态空间资源的多种潜在功能中，从生态系统产出的视角考虑，应该有一种是主要功能或主体功能。例如，从提供产品的角度划分，或者以提供工业品和服务产品为主体功能，或者以提供农产品为主体功能，或者以提供生态产品或服务为主体功能。如果某区域关乎全局生态安全，则该区域的主体功能就应该定位为提供生态产品，把提供农产品和服务产品及工业品作为从属功能，否则，就可能损害生态产品的生产能力。比如，草原的主体功能是提供生态产品，若超载放牧，就会造成草原退化沙化。在农业发展条件较好的区域，应把提供农产品作为主体功能，否则，大量占用耕地就可能损害农产品的生产能力。因此，必须区分不同国土空间的主体功能，根据主体功能定位确定开发的主体内容和发展的主要任务。因而，生态空间主体功能区的划分，客观上是尊重和顺应自然促进区域发展范式转型的一种有效手段①。2007 年，中国启动了空间资源利用和保护格局的主体功能区划②。

根据全国主体功能区域规划，生态资源的空间功能，按开发方式，分为优化开发区域、重点开发区域、限制开发区域和禁止开发区域四类；按开发内容，分为城市化地区、农产品主产区和重点生态功能区三类（图5—2）。不仅如此，这些区域在各个省域内部还进行了进一步的划分。开发方式主要是基于不同区域的资源环境承载能力、现有开发强度和未来发展潜力，以是否适宜或如何进行大规模高强度工业化城镇化开发为基准划分。而产品主要是以提供主体产品的类型为基准划分。城市化地区是以提供工业品和服务产品为主体功能的地区，也提供农产品和生态产品；农产品主产区是以提供农产品为主体功能的地区，也提供生态产品、服务产品和部分工业品；重点生态功能区是以提供生态产品和服务为主体功能的地区，

---

① 王圣云、马仁锋、沈玉芳：《中国区域发展范式转向与主体功能区规划理论响应》，《地域研究与开发》2012 年 12 月 10 日。

② 《国务院关于编制全国主体功能区规划的意见》（国发〔2007〕21 号）。

也提供一定的农产品、服务产品和工业品。

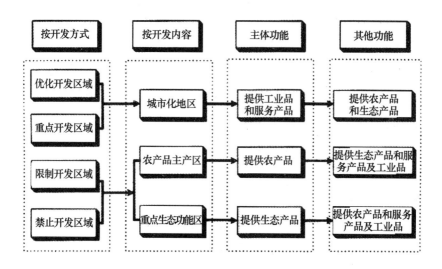

图5—2 中国主体功能区分类及其功能
资料来源：国家主体功能区规划。

根据国家主体功能区规划，全国陆地国土空间的开发强度控制在 3.91%，城市空间控制在 10.65 万平方公里以内，农村居民点占地面积减少到 16 万平方公里以下，各类建设占用耕地新增面积控制在 3 万平方公里以内。耕地保有量不低于 120.33 万平方公里（18.05 亿亩），其中基本农田不低于 104 万平方公里（15.6 亿亩）。林地保有量增加到 312 万平方公里，森林覆盖率提高到 23%，森林蓄积量达到 150 亿立方米以上。草原面积占陆地国土空间面积的比例保持在 40% 以上。可见，由于城镇化规模扩张占地，农村宅基地和耕地都将减少，转化为城市和工业用地（表5—2）。

表5—2 全国陆地国土空间开发的规划指标

指标	2008 年	2020 年	变化	
开发强度（%）	3.48	3.91	0.43	12.36%
城市空间（万平方公里）	8.21	10.65	2.44	29.72%
农村居民点（万平方公里）	16.53	16	−0.53	−3.21%
耕地保有量（万平方公里）	121.72	120.33	−1.39	−1.14%
林地保有量（万平方公里）	303.78	312	8.22	2.71%
森林覆盖率（%）	20.36	23	2.64	12.97%

注：根据国家主体功能区规划指标计算。

具有生态屏障功能的西部和山地多为禁止开发区域，尤其是依法设立的各级各类自然文化资源保护区域，包括国家级自然保护区、世界文化自然遗产、国家级风景名胜区、国家森林公园和国家地质公园。省级层面的禁止开发区域，包括省级及以下各级各类自然文化资源保护区域、重要水源地以及其他省级人民政府根据需要确定的禁止开发区域。

◇◇ 第三节 生态退耕

生态退耕是中国政府于20世纪90年代开始采取的遏止大面积土地利用不合理而致土地大面积退化的一项重要的行政措施。有退耕还林、退耕还草和退耕还水三个方面。退耕还林主要针对山区毁林开荒，特别是一些陡坡（坡度大于25°）开荒，此外也有一些半湿润的生态脆弱区的毁林开荒。中国长期以来以粮为纲破坏大量林地、湿地和草原，造成自然生态系统的失衡。退耕还林工程始于1999年，是迄今为止我国政策性最强、投资量最大、涉及面最广、群众参与程度最高的一项生态建设工程，也是最大的强农惠农项目，仅中央投入的工程资金就超过4300多亿元，是迄今为止世界上最大的生态建设工程①工程建设的目标和任务是：到 2010 年，完成退耕地造林 1467 万公顷，宜林荒山荒地造林 1733 万公顷（两类造林均含 1999—2000 年退耕还林试点任务），陡坡耕地基本退耕还林，严重沙化耕地基本得到治理，工程区林草覆盖率增加 4.5 个百分点，工程治理地区的生态状况得到较大改善。

1999—2004 年，国家共安排退耕还林任务 1916.55 万公顷，其中：退耕地造林 788.62 万公顷，宜林荒山荒地造林 1127.93 万公顷。各地基本上完成了国家下达的计划任务，部分省区还超额完成了任务。各级检查验收结果表明，工程建设质量总体良好。

2000—2004 年，中央累计投入 748.03 亿元，其中种苗造林补助费 143.74 亿元，前期工作费 1.21 亿元，生活费补助 62.85 亿元，粮食补助资金 540.23 亿元。水土流失和土地沙化治理步伐加快，生态状况得到明显改善。退耕还林工程的实施，使我国造林面积由以前的每年 400 万—500 万公顷增加到连续 3 年超过 667 万公顷，2002、2003、2004 年退耕还林工程造林分别占全国造林总面积的 58%、68% 和 54%，西部一些省区占到 90% 以上。退耕还林调整了人与自然的关系，改变了农民广种薄收的传统习惯，工程实施大大加快了水土流失和土地沙化治理的步伐，生态状况得到明显改善。据长江水利委员会监测报告，2003 年长江上游宜昌站年输沙量减少 80%，主要支流的输沙量低于多年平均值，寸滩以下各站的平均含沙量减少 50%—79%。退耕还林是长江输沙量减少的主要原

---

① 根据《国务院关于进一步做好退耕还林还草试点工作的若干意见》（国发〔2000〕24 号）、《国务院关于进一步完善退耕还林政策措施的若干意见》（国发〔2002〕10 号）和《退耕还林条例》的规定，国家林业主管部门在深入调查研究和广泛征求各有关省（区、市）、有关部门及专家意见的基础上，按照国务院西部地区开发领导小组第二次全体会议确定的 2001—2010 年退耕还林 1467 万公顷的规模，国家林业局会同国家发改委、财政部、国务院西部开发办、国家粮食局编制了《退耕还林工程规划》（2001—2010），http://baike.baidu.com/view/2886872.htm? fr = aladdin。

因。四川省 1999—2004 年实施退耕还林 80.53 万公顷，累计减少土壤侵蚀量 2.67 亿吨，年均减少 0.53 亿吨，占全省森林年滞留泥沙总量近 1/4，长江支流岷江、涪江每立方米河水含沙量分别下降了 60% 和 80%。可以说，退耕还林工程为我国生态建设步入"破坏与治理相持"的关键阶段做出了重要贡献。

一些发达国家经济体也开展了类似于退耕还林的生态建设。美国 1985 年通过《食品安全法案》（Food Security Act, 1985），实施休耕保护计划（Conservation Reserve Program, CRP）。核心是自愿参与、政府补贴，实施 10—15 年的休耕还林还草，恢复植被，主要针对水土流失和环境敏感农用地，以改善水质、控制水土流失和提升生物多样性。补贴由农民提出要价，政府专业评估，包括土地租金，平均每英亩 44 美元和分担 50% 的植树种草成本。到 2002 年，实施 CRP 的农地面积有 1360 万公顷。其中，有 55% 的土地加入第二期①。

1988 年，欧共体也启动休耕计划，旨在减少其共同农业政策价格保障体系大量而且昂贵的农产品过剩和减少对农业生态系统和野生动植物的破坏②。1992 年，休耕成为强制要求③，规定拿出 15% 的农地用以休耕，但这一比例在 1996 年降至 10%，大约 940 万英亩。休耕的农地改进了土壤化学成分，提升了生物多样性。但是欧盟于 2007 年终止了休耕计划，在 2008 年不再提供休耕补贴，以减轻市场谷物供应短缺，抑制粮价和满足生物燃料

① 向青：《美国环保休耕计划的做法与经验》，《林业经济》2006 年第 1 期，第 73—78 页。

② "Commission Regulation（EEC）No. 1272/88 of 29 April 1988 Laying Down Detailed Rules for Applying the Set-aside Incentive Scheme for Arable Land", *EUR-Lex*, European Commission, 29 April 1988.

③ Set aside, Dinan, Desmond（20 Feb 2014）, *Origins and Evolution of the European Union*, OUP Oxford, p. 210, ISBN 978–0199570829.

的生产。①

尽管美国、欧盟和中国都有"退耕"计划，但是各自的前置条件、出发点和效果，存在很大的区别。第一，从前置条件看，欧盟、美国用以休耕的农地，尽管不是最优质的，但都是适于农业生产的土地，中国退耕的土地，是大于 25 度的坡地、干旱缺水的草原和湖泊湿地，坡地和草地产量低，土壤退化快，原本就不适于农耕。因为粮食短缺、可耕地匮乏而垦殖这些超边际的土地资源。因而，欧美的休耕，相当于耕地"轮休"，是耕地储备，可以随时启用耕作。而中国的退耕地，即使休耕后地力有所恢复，由于其地形和气候条件，仍然不适于农耕。

第二，欧美休耕的目的，主要是为了减少农产品过剩的情况，减少补贴，生态和环境保护是一个重要原因，但处于次要地位。这也是为什么欧盟终止休耕、美国第二期只延续 5 年，而非第一期的 10—15 年的原因。中国则不然，历来耕地有限、粮食短缺，没有农产品过剩，在改革开放以前，不仅不补贴农产品，还通过工农产品"剪刀差"，占用农产品收益。

第三，欧美的休耕，带有一定的自愿性和市场性，即休耕一方自愿参与，补贴能够大致弥补机会成本。中国的退耕，带有一定的计划性和强制性。欧美休耕农可随时参与、退出，但是，中国参与退耕还林，不能自由退出。欧美的补贴多是货币补贴，而中国的补贴，则是生计保障性的粮食和生活费用补贴。

第四，欧盟的休耕，只是停止耕作，没有鼓励转变土地用途，没有资助在休耕地上种草种树。美国的休耕鼓励种树，有补贴，但补贴只有成本的一半。中国的退耕，不是简单的退，而是要种草种树、维护土地。

第五，或者说最大的区别，就在于可持续性收益。由于中国的退耕地

---

① 据英国《每日电讯报》报道，2006—2007 年，粮价翻了一番，每吨小麦价格达到 200 英镑，引发面包等食品价格上扬。Waterfield, Bruno（27 September 2007），"Set-aside Subsidy Halted to Cut Grain Prices", *The Daily Telegraph*（London）。

环境极其脆弱，一旦退出耕作，生态恢复和环境效益要远高于欧美的休耕地。而且，中国的退耕地由于改变了土地用途，由农地改变为林地或草地，再转换回耕地，不仅经济成本高，而且制度难度也更大。

◇ 第四节　木桶效应

木桶效应也称为短板效应，是指欲将一只木桶盛满水，必须每块木板都一样平齐且无破损，如果这只桶的木板中有一块不齐或者某块木板下面有破洞，这只桶就无法盛满水。也就是说，一只木桶能盛多少水，并不取决于最长的那块木板，而是取决于最短的那块木板。

由于资源的关联特性，如果有短板效应，中国的自然资源短板在哪里？土地、能源还是水资源？土地是一个空间概念，其价值受制于水和能源。如果从粮食生产和需求看，中国一直受粮食短缺的困扰。中国以世界7％的耕地，养活了世界20％的人口。与其说这是一种成就，不如说更多的是一种无奈。之所以缺乏耕地，是因为缺水。如果干旱半干旱和荒漠半荒漠地区有足够的水，耕地自然不会如此短缺。因而，水是资源关联的最大约束。能源安全总体上是一个生活品质问题，如果没有能源，现代生活方式难以维系。但是没有水，生存都难以维持。所以水的安全是一种生存安全，能源安全是一个生活品质的安全。当然有人说，只要有能源，可以将海水淡化，源源不断地提供淡水水源。但问题在于：这个命题不成立，因为不可能有足够的能源淡化海水供人类生产和生活使用。如果是这样，我们必须承认水资源的安全是中国资源关联安全的短板，因为我们人均水资源占有量低，时间和空间的分布不均匀，水污染严重，洪涝灾害、干旱，每年损失巨大。

中国仍然是一个发展中国家，许多基本战略性资源的人均资源占有量低，世界排名靠后。近30年来中国经济经历了高速发展的黄金时期，虽然人均收入的世界排名从1978年的175名跃升至2012年110名，但与国内生产总值2012年世界排名第二的发展水平相比明显不协调、不平衡（表5—3）。根据联合国粮农组织的定义，粮食人均占有量不低于400公斤是衡量粮食安全的一项重要指标，我国粮食直到2010年代人均生产量刚刚超过这一标准，而且随着消费结构的改变，人均粮食消费量已经低于粮食生产量。从石油资源的数量比较来看，进入2010年代中国石油进口依存度超过50%，探明储量和可预见的储量十分有限。此外，水资源和耕地面积的人均量也很低。中国受到发展阶段和人口基数等多重安全因素制约，数量的刚性约束构成安全的第一隐患。

表5—3　　　　　　　　中国人均国民总收入居世界的位次

指标	1978	1990	2000	2009	2010	2012
国内生产总值	10	11	6	3	2	2
人均国民总收入	175（188）	178（200）	141（207）	124（213）	120（215）	110（213）

注：括号中所列为参加排序的国家和地区数。

资料来源：1978—2010年数据来自中国国家统计局《国际统计年鉴（2012）》；2011、2012年数据来自世界银行 http：//data. worldbank. org. cn/ indicator /NY. GNP . PCAP. CD。

水资源安全和土地安全是粮食安全的前提条件，矿产资源和能源安全会对水资源产生外部性影响，可见水资源是各种资源之间的关键性战略资源。中国的水资源人均占有量低，供给不足；时间和空间分布不均；水资源污染严重，饮用水源堪忧；旱涝灾害造成了重大的经济社会环境损失。根据全球各地区降水资源分布统计（表5—4），中国年均降水量比全球平均值低1/4，但由于人口众多，人均降水资源只有全球人均水平的1/4，非洲人均水平的1/5，澳大利亚人均水平的近1/40。水资源无疑是中国资源关联安全的短板。

尽管没人否认水资源的重要性，但是水资源的开发率高、利用率低的现象却并未得到改善。随着极端天气的频繁发生，水资源的短板效应日渐凸显。2012 年 7 月 21 日北京市特大暴雨造成受灾面积 1.6 万平方公里，死亡人数 77 人，经济损失 61 亿元。

水的短板效应表现在四个方面。一是总量短缺。二是空间不均，西北华北严重缺水。三是时间不均，冬春降水稀少，集中在夏季而易形成洪涝灾害。四是水质污染。

生态文明建设，一个基本原则是顺应自然。总量短缺和时空格局是资源禀赋特点，需要尊重和适应。中国治水和利水有数千年历史。历史上，黄河中下游黄泛区洪旱无常，长江中游米粮仓年年受洪水困扰。新中国成立后，大江大河治理成为重中之重。疏河道、蓄洪水、筑江堤，黄河泛滥不再，中原大地成为粮仓；长江洪水受缚，防洪成为历史。三峡大坝的生态环境影响众说纷纭，是因为很多人没有感受过长江洪水的深重灾难。作者的老家就在三峡大坝之下平原地区的长江边。由于年年洪水，村民只能高筑土台建造房屋躲洪水；每家都备有小船，以备洪水来临时出行；每到冬天农闲，都要打草包用以夏天装土挡洪水；每到夏天，所有青壮男丁 24 小时江堤上巡防抗洪。大的洪水一片汪洋，粮食颗粒无收，更不用说搞工业和城市建设。1954 年洪水仅武汉市就死亡 3 万余人。1998 年的长江、荆江抗洪，举全国之力，不计成本。2006 年三峡工程全面竣工，荆江不再险。由于长江流域的地形地貌和降水的时空特征，顺应山高谷深的地势，筑建三峡大坝，是工业文明技术的手段和产物，产生的效果具有生态文明意义。库区人口密集，山高坡陡，毁林造田取薪，水土流失严重。三峡水电替代生物质能，提供生产生活用能，生态修复效果突出。

表5—4 全球降水资源比较①

国家或地区	降水量 （毫米）	降水资源量 （万亿立方米）	人口 （万人）	面积 （万平方公里）	人均降水资源量 （立方米/人）
全球	813	108.83	696973.9	13379	15614.8
亚洲	827	26.83	421334.5	3242	6366.9
南亚	1062	4.76	162132.0	448	2932.8
东亚	634	7.45	158064.5	1176	4715.8
北美洲	637	13.87	46222.8	2178	30004.7
南美洲	1596	28.27	39644.1	1771	71299.4
欧洲	577	13.27	74038.8	2301	17920.3
非洲	678	20.36	104430.6	3005	19496.2
大洋洲	586	4.73	2930.7	807	161497.3
中国	626	6.01	138465.6	960	4342.9
中国台湾	2429	0.09	2336.1	3.6	3722.1
美国	715	7.03	31579.1	983	22261.6
俄罗斯	460	7.87	14270.3	1710	55114.5
加拿大	537	5.36	3467.5	998	154635.9
印度	1083	3.56	125835.1	329	2829.1
日本	1668	0.63	12643.5	38	4986.0
巴西	1782	15.17	19836.1	851	76496.9

　　中国历史上的战争和饥荒，多与极端气象灾害，尤其是与严重旱灾关联。解决水的短板，还必须解决灌溉问题。公元前256年建成的位于成都的都江堰灌溉系统是一个顺应和利用自然的标志性、历史性工程。由于中国

---

　　① 中国数据来自中国气象局，其他国家和地区数据引自 FAO, 2014, AQUASTAT database, Food and Agriculture Organization of the United Nations, http://www.fao.org/nr/water/aquastat/data/query/index.html? lang = en。

人口密度大，旱灾影响面积大，人口多，水利投资和建设的重点在防洪和灌溉系统。

至改革开放前的 1978 年，全国建有大中小水库 85000 座，其中库容大于 1 亿立方米的大型水库 311 座，库容 1000 万至 1 亿立方米的中型水库 2205 座，库容 10 万—1000 万立方米的小型水库 8200 多座，总库容超过 4000 亿立方米。随着工业化、城镇化进程加速，农业灌溉和城市工业用水大幅增加，大中型水库的数量迅速增加，到 2011 年，大型水库增加到 567 座，库容达到 5602 亿立方米，中型水库达到 3346 座，库容达到 954 亿立方米，有效保障了粮食生产、城市生活和工业用水。1978 年，各大江河堤防长度累计达到 16.5 万公里，到 2011 年，这一长度增加到 30 万公里，保护农田 4262.5 万公顷，保护人口 5.72 亿。

中国作为新兴发展中大国，其发展方向和发展速度都将对全球经济、政治和环境产生巨大影响，中国的资源安全问题的成功治理经验和最佳案例对全球，特别是广大发展中国家的资源安全治理具有示范效应。中国 70% 以上的城市、50% 以上的人口分布在气象、地震和海洋等自然灾害严重的地区；80% 的贫困人口居住在生态敏感尤其是水源缺乏地带；其贫困地区也多处在全球气候变化的重要影响区。因为干旱缺水而被迫移民的案例在中国历史上层出不穷，在工业化技术能力已经达到较高水平的今天，这种移民仍在继续，我国西北地区的陕西、宁夏更是将移民纳入政府规划。[①] 我们还能看到孟加拉国也存在大规模气候移民问题，为此孟加拉和印度还多次爆发了大规模的种族冲突，印度更是因此建起了长达 4000 公里的边境隔离墙，形成世界之最。中国处理气候移民的成功经验对缓解孟印两国关于气候移民问题产生的矛盾也具有借鉴意义（潘家华等，2011）。

---

① 潘家华、郑艳、薄旭：《拉响新警报：气候移民》，《世界知识》2011 年第 9 期。

◇ 第五节　生态安全

党的十八大明确提出建设生态文明，构建生态安全格局；十八届三中全会决定进一步要求加强生态文明制度建设，划定生态红线。显然，生态安全是国家安全体系的重要组成部分，有着国家安全的基础性地位，需要纳入国家安全的战略规划。但是，什么是生态安全，如何理解生态安全，需要什么样的生态安全，如何实现或构建生态安全？

所谓生态，指的是人与自然之间的动态平衡关系，所谓安全指的是对领土主权、国民经济、社会发展、国家稳定等造成现实或潜在威胁因素的排除或把控。因而，生态安全是指人与自然的和谐关系在受到自然的、人为的、市场的等各种因素的不利冲击下对领土主权、国家稳定、国民经济和社会发展产生现实或潜在威胁的排除或有效把控。

人与自然的关系具有不对等性。人的地位具有从属性，因为人类社会的生存、发展和福祉的一切物质基础源自于自然。自然环境的状态和变化对人类社会经济单元——此处我们讲的是主权国家——必然有着安全含义。由于自然环境的给定性和多元性，生态安全的界定也可以有广义和狭义之分。从广义上看，生态安全是一种状态，在这样一种状态下，生态系统或自然环境的状态和变化不构成对国家安全造成现实或潜在威胁，或使这种威胁能够得到有效排除或把控。这就意味着，人与自然相和谐时，我们具有生态安全；由于各种原因造成人与自然不和谐时，我们不具有生态安全。由于生态系统或自然环境是由各种要素组成的，这些要素安全的集合构成生态安全。因而，如果有一种要素出现不安全，那么我们就不具备生态安全。单一的生态要素的安全，我们称之为要素意义的生态安全，主要涵盖：水安全、能源安全、矿产资源安全、环境安全、粮食安全、气候安全、生态系统安全。广义的生态安全涵盖上述各种要素安全，狭义的生态安全多指生态系统安全，在一些情况下，也包括气候安全。

生态安全的特征，主要表现在：

关联属性：生态安全可以有各种要素安全，但各个要素之间关联密切，互为依靠，因而构成一种事实上的关联安全，例如水、能源、粮食、气候变化、生态系统、环境等，均依靠水，又反作用于水。这种关联属性正是生态安全整体性的一种表现。

市场属性：传统安全的要素例如武器装备是不可以自由市场交易的，但生态安全的各种要素，多具有市场可自由贸易属性，例如粮食、化石能源、矿产资源，即使一些空间属性很强的要素，例如水，也可以内含于农产品，甚至直接作为产品，如矿泉水，进行贸易。

渐进属性：在多数情况下，生态要素安全不具突发性，例如气候变化，是一个长期的渐进的过程，石漠化和沙漠化，也不是一天两天，甚至一年两年的产物。

主权空间属性：所有生态安全的要素，均具有明确的地域性，因而其主权空间含义是十分明确的。

全球性：生态安全不仅关乎一个地区、一个国家，还关乎全世界，甚至关乎全人类例如臭氧空洞，气候变化，濒危动植物保护，其安全属性超越国界。

由于生态安全的特殊性和多样性，其安全意义与传统安全有着明显的不同，需要深刻认识和准确把握。

生态安全的影响因素主要有三类。首先是自然因子。由于生态是人与自然的关系，而自然的规律性，人类只能认识、尊重、顺应。例如降水的时空变化，温度的季节、年际和昼夜变化，均不是人类的力量可以加以改变的，如果人与自然构成一种和谐状态，就不会有生态安全隐患，但问题在于自然有变异，而且有极端性，例如干旱、洪水，而人类社会需要稳定、适度的自然环境，沧海桑田，人类社会只能被动适应。一些自然资源，例如化石能源，通过漫长地质过程形成贮量是有限的，不可能无限供给。

其次是市场因子。对于生态要素安全，由于其市场属性，市场安全影响极其重要。即使是贮量有限的化石能源，在某一特定时间内，它是有的，有并不代表能够满足需要，要看价格，如果价格高得离谱，买不起，需求就不能满足；此时，我们不能说我们具有粮食或石油安全。在一些市场上，有粮食，但有人哄抬粮价，超出了普通百姓的购买能力。因而粮食安全不源自粮食生产，而是市场掌控。即使市场价格买得起，也还有一个能否运到最终消费者手中的问题。如果交通运输市场或安全出现问题，买到的石油或粮食也不能到消费者手中。因而生态安全的市场因子，不是有与没有的问题，而是能否买得起，能否运得回的问题。

最后是人为因子。人为因子分为两类，非主观恶意和主观恶意，例如温室气体排放引发的气候变化，排放是非主观恶意的，而且一些排放是正常的基本需求或生存排放。自然系统有一定的自净能力。但是，超出自然系统的自净能力，非主观恶意可能就形成主观恶意性，例如奢侈浪费排放。主观恶意的人为因子，则是通过有目的地对自然系统的干预，造成安全威胁或巨大损失。例如国际上对石油价格的人为恶意掌控，对世界粮食市场的逐利性垄断，对重要的自然资源的战略性控制。当然，我们有些利用自然资源的生命线工程，例如南水北调，三峡大坝，也可能成为主观恶意破坏的目标，而影响到较广范围的生态安全。

生态安全的地位认识。作为人口众多、经济体量巨大、生态相对脆弱、矿产资源比较稀缺、国际市场融入程度高的发展中大国，中国经济的正常运行和发展，包括能源资源在内的重要自然资源对外依赖性十分巨大。2013
年，我国生产原油2.09亿吨，而进口原油2.82亿吨，成品油3959万吨，
对外依存度超过60%。我们一直说中国煤炭资源丰富，但近年来，煤炭进
口大幅快速攀升。2013年，我国原煤产量36.8亿吨，进口3.3亿吨。2013
年，我国粗钢产量7.8亿吨；进口铁矿砂及其精矿8.2亿吨。2013年，我
国粮食生产再获丰收，总量达到6亿吨；2013年，我国进口粮食总量超过
8000万吨，其中大豆6340万吨，谷物1460万吨，食用植物油810万吨①。
我们进口的，是资源，是能源，是生态安全。中国钢铁产量连续多年占全
球的45%左右，一些金属的消费量占全球的60%（图5—3）。

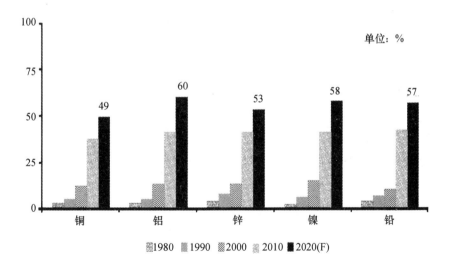

图5—3 中国金属消费占全球比重变化（1980—2020）②

---

① 《2013国民经济和社会发展统计公报》，国家统计局，2014年。

② Data taken from Lennon，Jim（2012），"Base Metals Outlook：Drivers on the Supply
and Demand Side"，presentation，February 2012，*Macquarie Commodities Research*，
www.macquarie.com/dafiles/Internet/mgl/msg/iConference/documents/ 18 _ JimLennon _
Presentation.pdf.

中国化石能源燃烧排放的二氧化碳,人均水平从 1970 年的不足世界平均水平的 1/4,到 40 年后的现在超过世界平均水平 1/3。进入 21 世纪,由于中国快速城镇化、工业化,中国能源消费快速增长,使得温室气体排放增幅大、增速快。在 21 世纪新增的温室气体排放中,中国占 2/3;2012 年,中国占全球二氧化碳排放量的比例超过 26%。

在全球治理构架中,中国对世界市场依赖程度高,市场占有量大,但话语权重十分有限,对资源没有定价权。[①] 长期以来,中国卖什么,什么价格下跌;中国买什么,什么价格上涨。2013 年,我们出口钢材比上一年增长 11.9%,但是,出口额只增长了 3.4%;集装箱数量出口增长 8.8%,出口额反而下降 6.4%。中国进口铁矿石超过世界总量的一半以上,中国进口商是价格的接受者而非制定者。

从我国生态环境退化的范围和程度上看,雾霾遍布我国人口密集、经济发展程度比较高的地区,已经严重影响到人们的健康和生活品质。2012 年,监测的 466 个市(县)中,出现酸雨的市(县)215 个,占 46.1%;酸雨频率在 25% 以上的有 133 个,占 28.5%;酸雨频率在 75% 以上的有 56 个,占 12.0%[②]。全国现有水土流失面积 294.91 万平方千米,占普查范围总面积的 31.12%。其中,水力侵蚀面积 129.32 万平方千米,风力侵蚀面积 165.59 万平方千米。我国人均水资源量只有 2100 立方米,仅为世界人均水平的 28%,比人均耕地占比还要低 12 个百分点;全国年平均缺水量 500 多亿立方米,三分之二的城市缺水,农村有近 3 亿人口饮水不安全;不少地方水资源过度开发,例如黄河流域开发利用程度已经达到 76%,淮河流域

---

① Bernice Lee, Felix Preston, Jaakko Kooroshy, Rob Bailey and Glada Lahn, 2012, *Resources Futures*, *A Chatham House Report*, December 2012, The Royal Institute of International Affairs.

② 国家环境保护部:《中国环境状况公报 2013》。

也达到了53%，海河流域更是超过了100%，已经超过承载能力，引发一系列生态环境问题。水体污染严重，水功能区水质达标率仅为46%。2010年38.6%的河床劣于三类水，三分之二的湖泊富营养化。

第 六 章

低碳能源转型

工业文明发展范式下的动力燃料是化石能源。然而，化石能源的储量极限表明，如果生态文明范式是一种可持续的发展，就必须寻求可持续的能源。从世界能源消费的基本格局看，化石能源在工业化城市化进程中提供了基本的能源保障。但是，未来的能源需求，远远超出了化石能源的可采储量。向可再生能源转型是一种必然，但是这种转型是一场革命，中国的生态文明建设重点，就是推动这一转型的加速实现。

◇◇ 第一节 消费格局

工业革命以前，人类社会经济的发展，基本是农业文明格局下的能源消费，以可再生的生物质能为主，分散而且是小规模的利用，煤炭也多是就地少量的居民生活用能。工业革命启动的工业化大规模生产，生物质能热值低、体积大、收集困难不能提供工业化所需的能源保障，因而，煤炭开采和利用规模不断扩大，生物质能在能源消费中的比例不断下降。由于进入工业社会的人口规模是一个不断扩大的过程，因而生物质能一直在广大的传统农业社会作为基本生活用能。欧洲两次世界大战，使工业生产能力和规模受到一定遏制，但在第二次世界大战以后，工业化进程加快，煤炭消费占比超过传统的生物质能，而且，由于汽车工业的快速发展，更为优质高效的石油生产和消费快速增长，在 1960 年代后期超过煤炭成为世界第一大商品能源。进入 1970 年代，世界能源生产和消费的基本格局是石油、煤炭和天然气三种化石能源占能源消费总量的 80%，生物质能、水电和核能接近 20%，其他可再生能源例如风能、太阳能尚处于起步阶段（图 6—1）。2012 年的全球能源消费结构，煤炭占 29.9%，石油占 33.1%，天然气 23.9%，核电 4.4%，水电 6.7%，其他的可再生能源 2%。即使以全球平均能源结构相比，中国的能源结构更为低质高碳，需要进行革命性的改变，尤其是以煤为主的能源结构要向低碳化的结构转变。

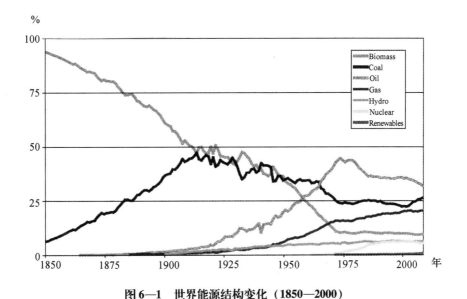

图 6—1　世界能源结构变化（1850—2000）

资料来源：《世界能源评估报告 2013》。

中国的能源结构从总体上讲有着相同的趋势，但是，有着自身的特点。主要表现在，一是化石能源的大规模使用滞后于发达国家，这与中国的工业化城市化进程起步较晚有关。二是化石能源占比更高，达到 90% 以上，而且是以煤炭为主,占能源消费总量的68%左右,石油低于20%,而天然气更少,不足5%。这主要与中国缺油少气的资源禀赋有关。中国核电起步较晚,规模也比较有限,但是,水电开发比较早,而且规模大,在能源消费格局中占据8%的比重,核电占1%,其他的可再生能源小于2%。由此看出中国的能源结构是高碳、高污染和低效的。由于城市化进程的快速推进和农村居民生活方式的转变,传统的生物质能以直接燃烧的方式急剧减少,因而生物质能在商品能源中几乎没有什么地位。尽管风能、太阳能等可再生能源发展迅猛,但所生产的商品能源仍然微乎其微。经过几个五年计划的不懈努力,能源消费结构已经有一些积极的变化①。2013年,中国一次能源消费结构调查中,煤炭的占比为67.5%,创历史新低;石油占比为17.8%,也是1991年以来的最低值;天然气占比达到5.1%,相对于10年前的占比,翻了一番。非化石能源(包括核能)占比达到9.6%,过去十年增速超过50%。

在1949年,新中国刚建立,能源消费重量不足0.3亿吨标煤;30年后的改革开放之初,全国能源消费总量达到6亿吨②。自2009年起,中国能源消费总量超过美国,成为世界第一大能源消费国。从能源生产角度看,2013年,中国能源产量占全球总供应量的18.9%;但中国能源产量同比增长2.3%,远低于过去10年7.4%的平均水平。从能源消费角度看,2013年中国能源消费37.5亿吨标煤,约占全球消费量的22.4%;从增速来看,中国2013年能源消费增长速度为4.7%,低于过去10年8.6%的平均水平。

从中国能源生产和消费的情况看,中国的能源已经出现一些重大转变。首先是从传统生物质能源向化石能源的转变。改革开放前,农村生活用能

---

① 《BP世界能源统计年鉴》,英国石油公司,2014年。

② 周凤起、王庆一主编:《中国能源五十年》,中国电力出版社2002年版,第8页。

基本上是传统生物质能；1998 年中国农村生活用能中，仍然有 57% 源自非商品的传统生物质能①。这一情况在 2014 年得到根本变化。农作物秸秆曾经是农村居民的基本生活燃料。现在，农民在秋收后，就地焚烧，引发严重大气污染，成为雾霾的季节性原因。商品能源中，超过 90% 的新增部分是化石能源。但是，中国能源生产和消费结构并没有完成或实现由煤炭向石油天然气的转变。第二个重要转变是由净能源出口国成为净进口国。从整体上来看，1991 年，中国还是一个净能源出口国，原煤出口超过 2000 万吨，进口不足 200 万吨，出口油品 2800 万吨，进口约 1000 万吨。随后，中国进口量大于出口量。到 2013 年，进口油品 3.2 亿吨，煤炭超过 3 亿吨。第三个重大转变是能源效率的提高。2000 年，吨钢可比能耗接近 0.8 吨标准煤，火电煤耗每千瓦时接近 400 克。目前，能耗分别降低超过 20%，接近乃至超过世界先进水平。

◇◇ 第二节　能源需求

中国的能源需求已经高居世界第一位，而且还在快速增长。一方面，中国的发展阶段表明，中国对能源需求的增长还要持续相当长的一段时间；另一方面，由于中国能源资源禀赋特征，中国的能源和环境安全要求遏制能源需求尤其是化石能源过快增长。中国政府采取了多种努力，试图控制能源消费总量，保障能源供应和环境安全。客观地讲，所有这些努力都卓有成效，但是，能源消费增长的趋势并没有减缓。究其深层次原因，在发展范式没有改变的情况下改变生产和生活方式，效果并不理想。

随着中国经济的增长，全社会对能源和电力需求迅速攀升，而且农村

① 周凤起、王庆一主编：《中国能源五十年》，中国电力出版社 2002 年版，第 401 页。

地区毁林获取生活薪柴，破坏生态。为了解决这一问题，1980 年代，中国政府曾经大力发展小水电，推行农村电气化县，使得南方水电资源丰富地区的电力供应得到一部分缓解。同时，在全国农村大力推广和发展农村户用沼气，提供生活用能。但是，由于水电的年度和季节波动，而且水电的能源生产量有限，小水电满足不了中小城市和农村地区的能源需求。沼气也存在产气季节不稳定、生产环境差、设备管理技术欠缺等原因，户用小沼气在经济较为发达地区也较少成为农户生活用能的首选。尽管小水电和小沼气具有积极效果，但并不能从根本上解决能源需求。可见，工业化城市化进程对能源的需求，在当前技术经济条件下是难以用可再生能源来满足的。

由于人口众多、经济体量较大，进入工业化城市化快速发展阶段后，中国能源消费总量一直都占据世界较大而且不断增大的份额。在改革开放前的 1971 年，中国的能源消费也占全世界大约 8% 的份额。进入 21 世纪，中国占全球的份额提升到 11% ，大约相当于美国的一半。根据国际能源署的预测，中国自 2015 年后，能源消费占据全球的份额都将保持在 20% 以上。但是，如果我们从人均水平上考察一下，不难发现中国只有世界人均水平的 1/3。直到 2010 年代初，中国人均消费水平才大致与世界人均水平持平。1971 年与先行工业化的发达国家相比，中国人均消费不足美国的 1/16，英国的 1/8，日本的 1/5。经过 40 多年的快速增长，中国的人均能源消费，大约达到英国的 70% 、日本的 60% 、美国的 30% 。如果我们看一下发达国家人均能源消费的变化轨迹，就可以发现进入后工业化阶段以后，能源需求增长趋缓，并且呈稳中有降的态势。但是，在快速工业化阶段，能源消费增长迅速。1960 年，日本的人均能源消费只有英国的 1/3，只有 10 年左右的时间，日本的人均水平就迅速接近英国，尽管在 2000 年前后人均消费超过英国，但与英国的水平和趋势大致相仿。美国的人均能源消费处在一个高位，超过同等发展水平的英国和日本一倍以上。但是，进入 1980 年代以后，美国的人均消费稳中有降，而且降幅超过英国和日本（图 6—2）。

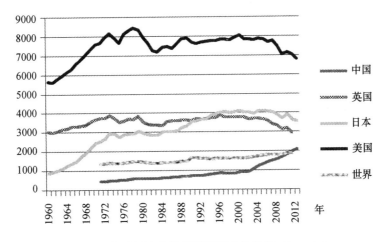

图6—2 部分国家人均能源消费变化趋势（kgoe/c）

资料来源：世界银行数据库。

　　如果按照工业文明下的发展范式，中国即使不步美国的后尘，参照日本或英国的能源需求格局，中国的能源需求还要增长 1/3。也就是说，中国的能源消费总量在未来 15 年左右可能超过 50 亿吨标煤。事实上，国际能源署的预测，也是在 2030 年能源需求总量达到约 55 亿吨标煤。而此时，中国的城市化水平大约在 68%—70%；服务业占国民经济的比重61.1%，工业占比仍然高达 34.6%①。而英国和日本的城市化率已经分别超过 80% 和 90%；服务业在国民经济中的占比分别高达 79% 和 73%。这一未来能源消费需求的估算，应该说也不为过。如果从每千人小汽车拥有量来看，当前中国的水平只有英国和日本的 1/8。鉴于能源消费只增加 1/3，小汽车拥有量考虑到燃油效率的提高增加 1/2，中国届时私家车拥有水平也只有英国和日本的 1/4。如果以英国或日本作为参照，中国即使到2030 年，人均能源消费达到或超过英国或日本当前的人均水平，中国的

―――――――――

① 世界银行：《2030 年的中国》。

能源消费还可能进一步增加。如果参照美国的人均能源消费水平，中国的能源消费总量在完成工业化进入后工业化阶段，能源消费总量要超过 100 亿吨标煤！

中国不可能也不应该参照美国的能源消费模式。那么，参照英国或日本的消费格局，能源需求能够得到满足吗？第一，从资源禀赋上，能源安全供给不可能得到保障。2014 年 42.6 亿吨标煤的能源消费，能源自给率只有 80%，石油只有 1/3。如果 2030 年能源需求比当前增加 1/3，每年新增能源消费 14.2 亿吨[①]。中国的煤炭产量已经超出了安全产能的水平，石油探明储量进一步增加的可能性也十分有限。尽管可再生能源的生产会快速增加，但新增加的能源需求，将主要依赖于国际市场供给。资源的关联安全，也包括资源的可获得性、价格可接受性和运输安全性。任何一个关联节点出现风险，能源安全就不可能有保障。第二，环境和生态风险。中国大面积的雾霾，主要原因是化石能源的燃烧。目前的除尘技术可以有效去除 PM10，但 PM 2.5 的排放会不断增加。煤炭采空区对地表植被的损害和地下水系的破坏，会加剧这些地区的生态风险。第三，能源投资所需的巨额资金需求，也构成严峻挑战。由于比较优质和成本较低的能源资源已经得到利用，新增加的能源生产和供给在边际水平上，需要的投资会不断增加。第四，全球温室气体减排的国际压力与日俱增。中国以煤为主的能源资源禀赋和消费结构，表明能源消费的碳强度高。实际上，中国化石能源燃烧排放的二氧化碳在 2005 年就已经超过美国成为世界第一排放大国。2013 年，英国石油公司统计的各国化石能源燃烧二氧化碳排放数据表明，中国占世界总量的 27%，比美国的排放总量高出 60%。中国人均排放已经超过 7 吨，而世界平均尚不足 5 吨。作为一个负责任的大国，尽管是发展中国家，也需要做出减排贡献。

---

① 国家统计局：《2014 年国民经济和社会发展统计公报》，2015 年 2 月 26 日。

当然，核能也可以是一种选择。事实上，在 2011 年日本福岛核事故前，中国曾经雄心勃勃地设想核电发展在 2020 年前从 2010 年的大约 1000 万千瓦猛增到 8000 万千瓦。尽管核电的发展有所减缓，但到 2020 年装机也可望达到 4000 万千瓦。这也从另一个侧面说明，核电发展也存在一些严峻挑战。核燃料源矿铀矿也是不可再生的，储量有限。中国核电需要大量进口铀矿才能满足需求。在安全问题上，投资和技术可以提升安全保障，但是，核电运行是人操作的，人为事故的风险也不能完全排除。在核废料处置上，目前只能存放而不能安全处理。这样就不难理解德国为什么要逐步废除核电。作为一种过渡性的能源，核电应该有其地位，但其工业文明的属性，表明它不可能是一种生态文明发展范式下的永续能源。

欧美日等发达国家按照工业文明的发展范式成功利用化石能源完成工业化和城市化进程。完成中国的工业化城市化进程，化石能源的可获得性和环境生态风险表明，中国的能源需求难以按照工业文明的发展范式得到满足。我们需要一种新的能源发展范式，还需要一次全新的能源革命。

◇ 第三节 能源革命

工业革命改变了人类社会发展的路径和历程。一种全新的技术，形成一种竞争优势，产生巨大的市场需求，创造巨量的物质财富。因而，工业革命是技术创新引领的革命，是一种主动的技术扩散的革命，使得技术革命的成果在全世界得以推广。到目前为止，已经有多轮工业革命，例如现有许多分析将电磁技术、互联网技术和三维立体打印分别归为第二次、第三次和第四次工业革命。

不论是第几次工业革命，都有一点，就是动力基础依赖于化石能源和其他现代能源，而不是传统的生物质能。我们不能想象，生物质的直接燃烧可以用以现代工业革命的基础能源。煤炭可用以蒸汽机，但是，只有经过热电转换才能用以电视机、互联网；只有经过气化和煤变油才能用以汽车。应该说，核电技术、超临界发电技术、风电、太阳光伏发电技术，也都是技术创新，但是它们并没有形成革命性的突破。

在温室效应受到关注、二氧化碳减排压力凸显情况下，低碳革命的概念受到关注。人们期望一种低碳技术能够形成没有碳排放的革命性突破，从而化解全球气候变化的挑战。人们期盼这样一种革命，但是人们感到这种革命还很遥远。因而在气候变化谈判中，因为没有低碳的革命性技术突破，发达国家减排目标总是离预期存在较大差距，发展中国家也多强调发展优先。低碳革命实际上是一场能源革命。社会经济发展和人民生活需要的是能源而不是碳。如果能有一场零碳能源的革命，生态文明下的发展范式也就有了可持续的能源基础。

如果说我们现在处于第三次或第四次工业革命时期，技术以人工智能、机器人、数字制造及三维立体打印为代表[1]，所依赖的能源是新能源[2]，包括页岩气和可再生能源。事实上，由于页岩气技术的突破，美国的能源生产格局发生了根本变化，不仅使美国的能源对外依赖程度大幅降低乃至消失，美国的能源结构发生了巨大变化，煤炭和石油占比大幅下降。但是，可再生能源的生产和消费几乎没有发生大的变化。

这是否意味着，页岩气革命就是能源革命？对于美国，对于当前，页岩气是一个突破。但是我们必须看到，页岩气也是化石能源，不可再生，储量不可能没有边界。与其他的化石能源的开采和使用一样，对自然资源的破坏和环境污染，也使其"革命"的意义大打折扣。页岩气的产量尚不足以替代其他能源成为主要的能源品种，其他的能源品种仍然占据重要甚

---

① Washington Post（2012.1.11），*Why it's China'Sturn to Worry about manufacturing*.
② 黄群慧：《新常态下我国经济形势与挑战》，中国社科院工业经济研究所，2014。

至支配地位。这就意味着，即使是短期的，页岩气也难以成为一场真正意义上的能源革命。

更重要的是，任何一项技术创新，都会带来能源效率的提升，也会要求一种新的能源形式。例如，飞机，就不可能燃煤驱动（见图6—3）。互联网只能由电力驱动，不论电力是来自化石能源的转换还是可再生资源。从一次能源的使用情况看，新技术的使用，并没有替代或淘汰传统能源。例如，钢铁、水泥的生产，还是需要煤炭、石油、天然气等化石能源，不论是一次还是转化而成的二次能源。

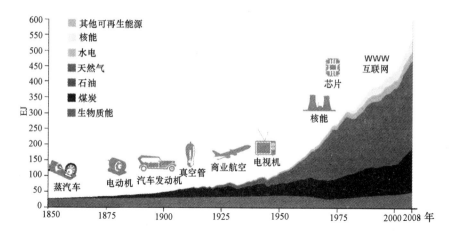

图6—3　能源消费与技术创新

从这一意义上，工业革命以来，我们有多次制造业的技术革命，但是，没有一次真正意义上的能源革命。联合国制定的可持续发展目标（UN. 2014），总体上表述为"确保全民拥有可以负担的、可靠的、可持续的现代能源"。在具体目标中，要求到2030年，实际增加可再生能源在全球能源体系中的份额，但没有明确具体数额，提出提升能源使用效率，到2030年在全球范围内确保能源使用效率翻一番。从技术上，要求增强国际合作促进清洁能源的研究和技术发展，包括可再生能源、能源效率和高级清洁化石燃料能源技术，同时促进能源设施和清洁能源技术方面的投资。可见，工业革命是事实，能源革命似乎难以成为现实，因而在全球气候变化形势如此严峻的情况下，国际社会还不敢正式提出"能源革命"。

从世界能源结构的演化态势和化石能源的枯竭特性看，工业革命前的能源形态是以生物质能为主要形态的可再生能源，各个国家启动工业化进程，化石能源取代生物质能，不论是单一国家的能源结构，还是世界的总体能源结构，均是以化石能源为主导，传统的生物质能逐步以新的高品质的可再生能源形式出现，但是，所占份额极其有限。经过300年时间，世界上也只有20%左右的人口完成了工业化；占世界人口20%的中国的大规模快速工业化，大有重塑世界的能源和温室气体排放格局之势，引发能源安全和气候安全担忧。如果化石能源能够支撑全球的工业化进程，则人类社会必然在后工业社会转向可再生能源；如储量有限的化石能源不能支撑当前世界的工业化，能源转型将提前到工业化进程的后期乃至更早阶段，而不会是全面步入后工业化阶段。

客观地讲，工业革命前的能源，尽管主要是生物质能，但也包括太阳能、水能和风能。荷兰的大风车，就是对风能的利用。衣物和粮食的干燥处理，用的多是太阳光热能源。中国历史上以水为动力的水磨，大约在晋代就出现了①。这些都是对可再生能源的直接利用，不具备现代能源特性。生态文明发展范式下的能源，显然不可能是这些自然资源的简单低效直接利用。不论是在化石能源消耗殆尽后的被动转型，还是在化石能源枯竭前的主动能源转型，可再生能源的现代高效利用是一种必然。我们需要一场能源革命，但是，这场革命的技术准备严重不足，革命面临严重障碍。那么，我们如何理解、认识和推动这样一场革命？

第一，之所以说是一场革命，就不应该是回归到传统的对可再生能源

---

① http：//b2museum. cdstm. cn/ancmach/machine/ja_ 21. html.

的简单粗放的直接利用，而必须是经过现代技术转换的现代能源形式和服务。要求效率高，使用便捷，而且价格可接受。例如水电，以前我们所利用的，是水力落差的势能，现在则是通过涡轮机电磁转换后的电力。

第二，可再生能源的革命，难以通过自身的能源生产来实现，需要化石能源的推动。在转型过程中，化石能源燃烧提供能源用以水轮机的制造、水泥大坝建造需要的钢筋混凝土的生产、太阳光伏发电所用单晶硅的生产，等等。当然，在完成可再生能源革命后，或化石能源枯竭后，就不需要这种推动了，但在从工业文明向生态文明转型的进程中，工业文明下的技术、能源基础和生产方式，也会发生积极效用。在这一过程中，化石能源和核能利用都会发生积极效用。

第三，可再生能源的技术不会是单一技术。工业革命所依赖的技术，多是单一技术突破后形成的技术引领。而可再生能源技术，涉及生物质能、风能、太阳能、地热能、潮汐能等，也可能是多种形式的利用，例如热能、电能。集中在某个可再生能源领域，能源生产所能获取的商品能源数量难以满足社会经济发展的需要。因而，可再生能源领域的革命，是多种可再生能源领域的技术创新。

第四，除了能源利用技术外，还包括其他相关技术，例如能源储存技术、智能电网技术等。化石能源热值高，其物理性能决定了其可储存性。但是，可再生能源则不同，具有巨大的波动性。风能、太阳能不能像化石能源那样储存运输，需要电能储存技术。生物质能储存了大量光能，具有可直接储存的物理特性，但是，生物质能的生产受天气影响具有波动性，单位体积热值低。水能可以通过建造大坝加以存储，但是，水量也有较大的季节和年度差异。智能电网的调度可以精准，因而有"能源互联网"的设想。

第五，可再生能源革命不仅仅是商品能源的革命，也包括非商品能源。太阳光热的干燥是一种非商品能源，太阳能热水器显然也不是能源的直接销售，销售的是能源转换或者是收获的设备。如果能源服务可以通过可再生能源的直接收获或转换来实现，尽管没有通过在市场上购买商品能源服务，这种非商品能源服务，替代或实现的，等价于商品能源服务。类似的还有太阳光伏社区或道路照明、手机或电脑充电、分布式家庭供电系统、农村小沼气，等等。在某种角度上，温室大棚也是一种直接收获可再生能源的设备或方式。许多研究和分析将这一部分非商品能源视为能源效率，实际上是一种错误。

第六，可再生能源革命还是一场能源消费革命。一般认为，消费是一种社会行为，不是一种技术。对能源革命的理解应该从技术层面。然而，如果这些技术不被消费者接受，不成为一种自觉的消费行为，技术革命就不会成功。人们可以斥巨资买非必需的消费品，例如豪宅、钻石、古玩，但是，人们不愿花钱在豪宅装上光伏发电设备。从市场和资产角度讲，具有市场理性。因为，钻石、古玩具有稀缺性，具有市场增值空间；光伏发电设备不具稀缺性，而且由于技术进步，还会贬值，需要维护、更新。但是，如果我们数以亿计的消费者使用太阳能热水、太阳光伏照明、手机充电或电动车充电，会是什么情况呢？有人说这是节能。实际上，这些能源服务不是节省了，而是有效消费，是消费者从商品能源服务转向非商品能源提供的设备消费上了。一辆豪华跑车，在拥挤的城市里，除了表面的豪华外，其性能几乎没有什么可以表现的。如果车主用的是一辆纯电动汽车，所产生的消费导向从而引领的消费革命，对能源数量、质量和品种的需求，变化当然是革命性的。时尚的服饰，多是昙花一现，也没有多少保值增值价值。但对于创新的推动，能量不可谓不大。即使在绝对保温的房子里，开着窗户吹空调，对能源的需求和消费与技术无关。所谓"反弹效应"，也是消费者对技术效率改进后的一种自然反应，使技术的实际节能效果大打折扣。

第七，关于能效技术，我们不能期望一种革命性的突破，因为能源技术效率的改进，是一个渐进的过程，也存在一个可行空间的约束。例如热电转换技术，在超临界情况下，进一步提升的空间将越来越少。而且，能源转换效率不可能大于1。技术本身存在不确定性甚至是逆向的。例如建筑保温材料技术，在没有相应标准的情况下，一些易燃材料得到应用，结果导致火灾。一些纯商业目的的技术，例如手机更新换代，原本可以几代合一，但是，商家为了利润，要不断推出新的款式、新的设置、新的配件，使得消耗大量能源生产的老旧手机，不断成为新的垃圾。

第八，也可以说是最重要的，是能源革命的制度环境和制度设计。上述七项内容，均需要必要的制度安排，以促成和保障相应的革命性突破有成功的条件。如果我们仍然信奉效用主义的价值观，以利润最大化为目标，以物质财富的积累数量为衡量标准，能源革命就不可能有突破。相反，如果我们尊重自然，以人与自然的和谐为宗旨，以可持续力为度量标准，我们的技术导向、价格体系、消费偏好，都会有利于推动能源革命的实现。

◇ 第四节　转型实践

能源革命尚未成功，需要各种努力各行其道。由于工业化、城镇化造成的环境污染、资源短缺均与化石能源燃烧直接相关，而化石能源又不可能在短期内大规模被替代的情况下，迫切需要各种政策、技术，乃至于口号，推进能源革命的实践。例如，资源节约、环境友好、节能、绿色、循环、宜居、低碳、智能等。

所有这些实践，是否有效，我们可以有三个标准来衡量：质量、能耗和成本。以次充好、假冒伪劣、豆腐渣工程，显然是"资源节约的"，而且还是成本低廉的，有高额回报的。但是由于不能保证质量，所付出的能源消耗和资金损失，是得不偿失的。在许多房屋建筑中，为了节约而"小材大用"，将高规格的钢筋改用低规格的，将高标号的水泥用低标号的。由于建筑质量不达标，要么加固，要么毁掉重建。需要消耗更多的资源，更高的成本，更多的能源。资源的节约取决于成本和能源。不计成本、消耗能源，可以节约资源。而且，低劣的建筑质量，可以创造更高的收益，因为建筑、拆除、重建，都有投入，有收益，可以回收成本。唯一不能回收的，就是消耗的化石能源。从一意义上讲，转型是否成功，节能才是最终衡量标准。

同样，循环再生、绿色、智能，在工业革命的发展范式和技术条件下，都不存在障碍。在太空运行的空间站上，水是完全循环的。工业污水和生活废水，应用现有技术，可以将污水净化到可以饮用。在戈壁沙滩上，可以海水淡化植草种树。只要有投入，就可以有一个自动化的智能系统。所有这些约束，表面上看是一个资金投入，实际上是能源，因为自然提供给我们的可持续利用的能源，不足以支撑我们实现完全的人工循环、淡化海水。智能与否，如果不节能，不能算是真正的智能。因而，我们衡量绿色、循环、智能，最终的判断还是一个能源问题。

在中国的第十一个五年计划期间，能源节约和污染物减排被列为强制性要求，规定 2010 年能源强度即单位国内生产总值的能源消耗量要在 2005 年的基础上下降 20% 左右，主要污染物化学需氧量和二氧化硫的排放量在同期减少 10%。前者是相对量，即能源消耗量可以总量增加，但是，效益要提高；后者是绝对量，即不论效益如何，污染物排放的绝对量必须下降。其间，中央政府下令关闭淘汰落后产能，分解任务。最后的结果，"十一五"全国单位国内生产总值能耗下降 19.06%。全国化学需氧量排放量和二氧化硫排放量分别下降 12.45%、14.29%。应该说，环境污染即绿色的目标实现的效果好，而能效即节能的目标低于预期。原因实际上很简单：对于污染物减排，只要有投资，只要有能源消耗，污染物就可以大幅降下来。例如脱硫，只要投资运行脱硫设备，二氧化硫的排放就可以得到有效控制。

但是，脱硫设备的运行需要消耗电能。为此，国家发展改革委还专门给予价格补贴，以弥补额外能源消耗的成本。污水处理也是这样。污水处理厂是一个投资问题，其运行主要就是一个能源问题：消耗电能运行污水处理设施。

能源转型，焦点和核心还是在可再生能源的利用上。如果可再生能源提供的能源服务超出我们的需求，节能甚至变得没有必要。一个简单的例子是太阳能热水器在盛夏提供的热水，一般家庭都用不完，又不能存储到冬天利用，多有浪费。中国的能源转型，应该说起步较早，而且是顺应自然，与自然和谐的利用。由于中国工业化起步晚，资金和技术短缺，能源生产不能满足社会经济发展的需要，而且对生态环境造成比较大的破坏。早在1958年，毛泽东鼓励发展农村沼气，指出"沼气又能点灯，又能做饭，又能做肥料，要大力发展，要好好推广"[①]。截至2005年，全国已建1800万个沼气池。2006—2010年，中央支持全国建设1320万个农户建设沼气池，总投资达401亿，其中中央财政补贴125亿。根据农业部的测算，2010年，全国大约可有4000万农户用沼气，每年提供154亿立方米的沼气，相当于2420万吨标煤。1983年，国家开展小水电试点县建设，并大力发展大中型水电[②]，但提供的商品能源仍然不能满足国民经济和社会发展的需要。

显然，进入21世纪，生态文明建设提上中国的议事日程，可再生能源发展提速。1998年，中国几乎没有什么风电和太阳光伏发电这些技术比较先进投资比较大的现代商业性可再生能源生产。例如光伏发电装机总量只有13MW，2010年规划值为300MW，而实际上的数字达到800MW，规划2015年达到21000MW（表6—1）。根据世界可再生能源报告，2013年，中国光伏发电装机容量已经达到19900MW。太阳光热利用，1998年只有1500

---

① 《全国农村沼气工程建设规划，2005—2020》。

② 周凤起、王庆一：《中国能源五十年》，中国电力出版社2002年版，第424页。

万平方米的集热面积，2005 年达到 8000 万，2010 年达到 1.68 亿平方米，高出规划值 12%。

表 6—1　　　　　　　　　　可再生能源转型：中国实践

	1998 年	2005 年实际	2010 年规划	2010 年实际	2015 年规划
水电（GW）		117.39	190.00	216.06	260.00
风电（GW）	0.242	1.26	10.00	31.00	100.00
太阳光伏（GW）	0.013	0.07	0.3	0.8	21.00
生物质发电（GW）	0.80	2.00	5.50	5.50	13.00
生物沼气（B m³）	2.36	8.0	19.0	14.0	22.0
户用沼气池（M）		18.00	40.00	40.00	50.00
太阳能热水器集热面积（M m²）	15.00	80.00	150.00	168.00	400.00
生物乙醇（Mt）		1.02	2.00	1.80	4.00
生物柴油（Mt）		0.05	0.20	0.50	1.00
总量（Mtce）	3.05	166.00		286.00	478.00

注：1998 年数据来自周凤起、王庆一：《中国能源五十年》，中国电力出版社 2002 年版，第 425—426 页，其他数据为可再生能源十一五、十二五规划。

发达国家在能源转型方面也有成功的案例。德国在过去三十年里经济总量增幅达 80% 的情况下，能源消费总量降低了 15%，实现了经济增长与能源消费的脱钩。德国计划在 2022 年即完全退出核电生产，并且不断降低煤电的比例，提升可再生能源的生产和消费。根据德国的规划，相对于 2008 年，能源消费总量减少 20%，到 2050 年，进一步减少，降至 2008 年的一半。可再生能源占终端能源消费的比例，2020 年达到 18%，2030 年达到 30%，2050 年要占 60%。可再生能源发电量占电力消费的比例，2030 年达到 35%，2030 年占一半，2050 年达到 80%。一般说来，交通领域的节能难度较大。但是，德国也雄心勃勃地提出要在 2020 年比 2008 年在交通领域的总能耗在 2005 年的基础上降低约 10%，到 2050 年降低 40%。今天在德国，居民房顶上可见太阳光伏发电装置，电量可以直接上网。工业革命的发祥地英国，也提出了加快减少化石能源消费的计划。美国也在 2014 年提出了到 2020 年电力行业减少 30% 碳排放的目标。

从当前各国的能源转型实践来看，几乎没有一个是像工业革命那样由一种引领技术而带动的，而是在体制机制安排下实现的。这些推进和保障能源转型的政策措施，包括立法、标准、补贴等。例如德国，对于家庭安装太阳光伏发电设备，政府补贴总费用的 50%，而且，按高于电网的价格，将自家光伏发电余量上网。一方面，能源转型的实践是一种被动，是一种强制安排，不同于蒸汽机、汽车、互联网等工业革命技术，没有政府补贴，也没有国际协议。而从另一方面看，这种被动更是一种主动，因为方向明确，目标明确，措施到位，推动着文明范式的转型。

◇◇ 第五节 转型战略

城镇化、工业化进程对能源的需求持久而量巨。化石能源的有限性和污染迫使我们考虑加速能源战略转型；核能的潜在威胁使人们欲进还退，望而却步；可再生能源的低热值、间歇性和高成本，又使我们疑虑丛生，信心不振。节能是有效的，但对于中国这样一个庞大的增长中的经济体，能源效率改进速率不可能超过能源需求的规模扩张之增加变率。从原则上讲，能源需求增长一直要持续到经济发达之际和人口峰值之后。也就是说，中国能源消费绝对量的增长，至少要持续到 2030 年之后。突破中国的能源发展瓶颈，必须要突破传统的狭义的能源战略思维，拓展新思维大战略。

第一，能源结构的多元化。我国能源战略的重点和中心，均在商品能源尤其是化石能源。战略层面讨论的能源安全，多集中在石油安全。面临全球气候变化的国际背景和生态文明建设的国内需要，这一传统的战略思维显然已经不能适应我国能源发展的实际需要。国际上的《2015 气候协议》对温室气体减排要求各国作出自主确定的国家贡献方式和额度，国内污染控制和生态修复的刚性约束，经济结构转型和居民生活品质提升对能源服务的质与量的双重需求，迫切要求能源结构的多元化：即商品能源与非商品能源并重，可再生能源品种和数量全面提升。社会需要的是能源服务，不论是商品供给，还是自然获取。如果数以亿计的家庭和数以万计的学校、医院使用太阳能热水、光伏照明和生物质型炭、沼气，效果远比几个核电站或化石能源发电装置清洁安全可持续。

第二，能源管理的一体化。我国的能源管理作为一项宏观经济内容，归口在发改委和能源局，但在具体实施和管理中，又分散在各部门甚至一些大型国企。小水电在水利部门，生物质能在农业部门；电力、石油、煤炭又在几个巨型国企中各自实施；太阳能热水器似乎在工信部门，由于其具有市场生存能力，少有行业或地方支持；风电涉及设备生产、场地建设和电网接入，更是需要多部门介入。有效的能源战略，必须要整合一体，通盘治理。

第三，能源经济的社会化。能源是一个经济部门，不仅提供产品和服务，还提供就业和生态服务。化石能源生产的技术和资金密集度高，劳动力需求少。而可再生能源设备的生产、安装、维护，具有大量的劳动力需求。可再生能源利用对自然生态系统影响小，而且有些能源利用还有生态服务功能。因而，我国的能源战略需要社会化思维。

第四，能源技术的多极化。我国的能源技术战略，侧重化石能源和核能、水能，对这些能源品种的利用，都有相应的研究院所，而其他非化石能源的技术研发，长期以来投入少、力量弱。也就是说，能源技术投入与研发，集中在商品能源，忽略非商品能源。试想，如果国家像商品能源开发一样，不说花巨资，就是商品能源投入的九牛之一毛，太阳能热水器和沼气技术的规模和效益，也可能会有突破性进展。能源技术的研发，必须要多极化，需要涵盖商品能源、非商品能源，化石能源、可再生能源，能源装备技术、能效技术。总之，能源技术发展战略，必须全方位、多元化、多极化。

第五，能源市场的国际化。全球经济一体化，能源技术、产品和服务是重要内容。我国化石能源储量少，利用两种资源、两种市场，为我国的城镇化工业化提供了能源保障。我国的环境污染治理和生态保护，就是没有国际上对温室气体的减排要求，客观上也需要减少化石能源的燃烧。从另一方面看，我国庞大经济体的运行和居民生活消费品的保障，需要大量的高载能产品。这就意味着，我国能源市场的国际化，不仅要包括能源产品、技术和服务，还要涵盖高载能产品，例如钢铁、电解铝等。进口这些高载能产品，等同于减少了国内能源需求和污染物排放。也就是说，我国的能源战略，还需要开放式延伸性思维。

能源发展是挑战，也隐含着机遇。将挑战转化为机遇，需要转变能源发展的战略思维，保障能源安全和气候安全，促进生态文明建设。

第 七 章

经济增长的生态转型

改革开放以来的中国经济快速平稳增长，使得中国经济在总量和人均水平上都有了大幅提升。高速率的增长使得国际社会和国内均对中国未来经济的走向产生极大兴趣，众说纷纭，莫衷一是：持续高速的乐观者有之，立即崩溃的悲观者有之，转速换挡调整者有之。生态文明发展范式下的中国经济增长，不可能也不必要因循工业文明发展范式下的增长路径，增长转型是必然的。顺应自然，意味着尊重人与自然和谐的边界约束，避免超越极限的各种违背规律的保增长或促增长努力。而且，生态文明范式下的经济增长，必须是真实的增长，生态和谐的增长。因而，中国经济转型的方向，只能是调整结构，提升品质，迈向人与自然和谐的稳态经济。

◇ 第一节　增长的态势与动力

从新中国成立到1970年代初，中国的经济增长经历了大起大落的过山车式的历程，从1962年经济下滑27.3%，到增幅高至1965年的18.3%、1971年的19.4%。1970年代总体中速平稳波动；1980年代到2010年三十年的接近两位数的持续高速爆发式增长。中国未来走势如何？

2005 年，林毅夫撰文[1]称，中国经济未来可以维持 30 年左右的 8%—10% 的快速增长，2030 年前超越美国成为世界第一大经济体。2010 年，世界银行建议并与中国政府合作启动"2030 年的中国"的研究[2]，认为未来 20 年的经济增速将比过去三十年 9.9% 的平均增速下降 1/3，年均 6.6%，使中国跻身发达国家行列，在经济体量上超越美国。国务院发展研究中心[3]的基准情景设定，经济增速在 2010—2020 年间为 6.6%，2020—2030 年间为 5.4%，2030—2040 年间为 4.5%，2040—2050 年间为 3.4%。白泉等人[4]设定的中国 2050 年的经济增长情景认为，中国 2010—2020 年可达 8.0%，2020—2035 年为 6.0%，2036—2050 年年均 3.8%。相对来说，国外机构对中国未来经济发展增速的预测略显保守。例如国际能源署预测 2000—2010 年年均增速 5.7%，2010—2020 年均 4.7%，2020—2030 年年均 3.9%。高盛公司 2003 年的一项研究认为，中国 2015—2030 年年均增速 4.35%；2030—2050 年年均 3.55%[5]。唱衰中国的悲观论者似乎以章家敦为代表，早在 2001 年就著书宣称中国行将崩溃[6]。

中国经济体量在世界银行统计中的国家排名，1980 年位居第 12 位，在印度之后；10 年后的 1990 年勉强超过印度，排名第 11 位；2000 年，中国位次提升到第 6 位；2010 年超越日本成为第二大经济体。中国人均 GDP 的排名，1980 年大约在 150 位，到 2000 年仍然排在 136 位。2010 年，中国人均 GDP 的排名已经接近 100 位，三年之后的 2013 年，中国排名位次已经提

---

① 林毅夫：《2030 年中国超越美国》，《南方周末》2005 年 2 月 1 日。

② 世界银行国务院发展研究中心联合课题组：《2030 年的中国：建设现代、和谐、有创造力的高收入社会》，2011 年。

③ 王梦奎：《中国中长期发展的重要问题 2006—2020》，中国发展出版社 2006 年版。

④ 白泉、朱跃中、熊华文、田智宇：《中国 2050 年经济社会发展情景》，第 624—695 页。载课题组《2050 中国能源和碳排放报告》，科学出版社 2009 年版，第 893 页。

⑤ 转引自白泉等，2009 年，第 644 页。

⑥ Gordan Chang, *The Coming Collapse of China*, New York：Random House, 2001.

升到第 75 位。但是，在人均水平上，中国只有世界平均水平的 46%，美国的 12.16%，日本的 14.22%。

2013 年，按汇率计，美国占世界总量的 22.43%，中国只有 12.34%，比美国低 10 个百分点。如果按购买力平价计算，美国占世界总量的 17.06%，中国占 16.08%，相差只有 1 个百分点。根据英国《经济学人信息部》预测[①]，中国的经济总量按购买力平价将在 2017 年超过美国，成为世界第一大经济体。2014 年 10 月，国际货币基金组织发布年度世界经济展望，在其数据库中，采用购买力平价核算国民经济总量，表明 2014 年中国经济总量会超过美国大约 2000 亿美元，比英国经济学人的预测时间提前 3 年，成为第一大经济体。但是，如果按汇率计，中国经济总量大概在 2030 年与美国持平[②]。但从人均水平上，中国到 2030 年，即使按购买力平价计，中国也只有美国的 32.8%。

除了"中国崩溃论"者外，无论是中国还是国外研究均表明，中国到了一个转型期，特征就是经济增长速度要降下来，但是，人均收入水平和经济总量将不断攀升。造成这一转型的直接或表观原因，是经济增长的动力源泉出现了变化。中国经济增长，通常说是有"三驾马车"共同驱动，包括出口、投资和内需。中国经济的对外开放首先在沿海，就是因为原材料和市场两头在外，沿海地区具有区位优势。进入 21 世纪，中国加入世界贸易组织，很快融入世界经济一体化进程，低廉优质的劳动力和竞相优惠的土地供给表现出强劲的竞争优势，对外贸易成为拉动中国经济增长的火车头。在一定程度上讲，是外向型经济拉动了投资，如果说外国直接投资

[①] *The Economist Information Unit*，转引自 Wayne M. Morrison《中国的经济崛起：历史、趋势、挑战和对美国的影响》，美国国会研究署，2013 年 7 月，《浦东美国经济通讯》第 16 期（总第 350 期），2013 年 8 月 30 日。

[②] 见 Arvind Subramanian，《保护开放的全球经济体系：为中国和美国设计的战略蓝图》。《美国 Peterson 国际经济研究所政策简报》，第 13—16 页。见《浦东美国经济通讯》第 13 期（总第 347 期），2013 年 7 月 15 日。

带动了产业的扩张，基础设施的大规模投入，则是为了使对外贸易更为便捷。中国在1980年代几乎没有高速公路，城市基础设施也极为有限，在许多大城市污水处理、地下轨道交通几乎都没有起步。中国的高储蓄率和强势的行政权力使得能源、交通和城市基础设施有足够的资金保障和实施效率。

相对说来，国内消费对经济的拉动较弱，与中国的城乡二元体制、收入分配和民生保障的制度安排关系密切。由于传统的治理方式难以提供足够的安全保障，人们不得不压抑消费冲动，"省吃俭用"被奉为美德，要增长，只能靠出口。中国的收入分配存在多重二元体制安排，首先是城乡二元。城市居民的可支配收入是农村居民的3倍以上，而且这一数字包括数以亿计的统计为城市居民的农业转移人口，由于按户籍的城市人口不足40%，因而超过60%的人口的收入水平和消费能力严重偏低。其次是国有经济与民营经济的二元分化。国有企业多带有垄断地位，正式员工的收入、医疗、住房皆有相应保障，而民营企业不仅缺乏医疗、住房保障，收入水平也不足体制内国企员工的1/3。这就出现国有经济的员工消费意向不足，民营经济员工的消费能力不足。中国从传统农业社会步入现代工业社会，医疗、教育、养老、失业的社会保障程度低，社会覆盖面小，因而有限收入也被储蓄，用以自我保障。

美国学者丹特认为，人口波动与经济波动存在相关性，人口的动态变化是经济增长格局变化的一个内在原因，前者决定后者①。从一个人的生命周期看，丹特发现消费能力最旺盛的在46岁前后，因而，他发现，消费高潮总是以46年为周期。1897—1924年是美国生育高峰，46年后的1942—1968年，是美国经济的高速发展期，"婴儿潮"盛于1937年，1961年达到顶峰，而1983—2007年美国经济空前繁荣，相隔也是46年。战后日本经济

---

① 哈瑞·丹特：《人口悬壁》，萧潇译，中信出版社2014年版。

增长速度惊人，被誉为"日本奇迹"。表面看，政府的产业扶持政策帮助企业免于严酷的国际竞争，使其迅速壮大，从而在高附加值商品出口上形成竞争。但事实上，日本经济增长与人口激增紧密相关，只是移民制度严苛，使繁荣期略晚于46年。这似乎不是巧合。人口学告诉我们，人类经济行为具有周期性，美国对600种商品销量长期监测数据表明：年轻夫妇平均26岁结婚，公寓出租量随之达到顶峰，因生儿育女，他们31岁左右首次置业，孩子十几岁时，即37—41岁的夫妇会购买人生中最大的房产，孩子大学学费支出峰值出现在父母51岁左右，孩子成人并离家后，夫妇们53岁时会购买豪华轿车……41岁是借贷高峰，42岁时消费最多的是炸薯条，而46岁是一生消费最高点。这意味着：出生潮加46年，即为下一轮繁荣高点。当然，这一周期也并不绝对，因为大规模移民也会带来人口快速变化；技术进步可以打破这一周期，但它转化为生产力需要一段时间，因此影响不会马上发生；人口寿命延长，会使消费最高点后延。人口增长为什么会带动经济增长？因为人口增加会带来消费增长，刺激生产进步，推动市场分工和专业化协作，给新技术应用提供更多的可能。

显然，外需不是无限的，而是面临国际竞争的，存在波动性和不确定性，投资是一个长期过程，但基础设施和住房、汽车等耐用消费品的投资存在一个饱和度，一旦抵达，投资就变为维护折旧和更新，消费会随收入分配和社会保障的改善而有增加，但人口的峰值也会使消费总量趋势遭遇天花板。发达经济体的经济增长经历了一个从高到低再企稳的过程，中国经济增长进程，如果要避免经济危机和增长的"硬着陆"，主动调整适应进入增长的新常态。

◇ 第二节　外延增长的三重约束

中国经济增长转型的动力机制变化，不仅仅是因为动力因素自身，更重要的或最根本的，是这些动力因子的变化，与人与自然和谐发展的外在制约有关，主要表现在三个方面：自然因子、人口要素和资本存量。

天人合一，首先必须要认识天即自然，然后才能尊重并顺应之。自然因子是一种物理边界，技术进步可以舒缓某些紧约束，但对有些边界，目前的技术还难以拓展，例如地球的表面积，难以想象可以改变地球的结构和体积。即使是再先进、再有效的技术，在给定的时间和空间里，其舒缓的幅度和速率也是有限的。因而，增长受制于自然的刚性约束，是经济转型的外在压力。这种压力首先来自生存环境的恶化和破坏。1950 年代英国伦敦因大气污染而形成的光化学烟雾，超出中国当时的想象。改革开放以后，中国许多地方的信条和口号是"无工不富"，发展污染的工业制造业，能够迅速带来经济增长，因而许多地方的招商引资不设任何门槛，成为污染企业的"避风港"，吸引大量污染企业转移来到中国。就近的水源污染了，人们从更远的地方取水；浅层地下水没有了，就转向深层地下水；深层地下水没有就远距离调水；自来水不能饮用了，人们又转向矿泉水。矿泉水产量有限，人们就消耗能源净化污水工业化生产瓶装的纯净水作为饮用水。成本增加了，但是，人们收入提高了，能够支付，因而并没有介意。但是，从 2011 年开始在全国人口高度密集的大面积地区出现严重雾霾，使人们对自然的刚性约束的认知发生了变化：我们不能瓶装空气，而空气比水更重要，每一秒钟都要呼吸新鲜空气。

自然约束的第二个方面是不可再生资源尤其是化石能源的价格飙升和存量快速衰减。1970 年代初第一次石油危机前，人们没有感觉到资源的枯竭。价格的飙升给人们敲响警钟，但是，人们认为，不可再生资源的供给是一个价格问题，可以通过技术进步，探明和发现新的储量，提高效率，减少需求。实际上，过去 40 年人们所遵循的，就是这样一种应对路径。中国由于汽车产业发展滞后，对于石油的价格攀升反应并不灵敏，反而大量出口认为还是一种换取外汇的机会。因而，直到 1992 年，石油资源短缺的中国还是原油净出口国。中国一直认为储量丰富的煤炭，长期以来大量出口。进入 2010 年代，中国开始大量进口煤炭，2013 年超过 3 亿吨原煤。对于非可再生资源的开采，还不仅仅是一个资源枯竭问题。煤炭采空区塌陷问题、地下水系的破坏问题，已经成为生态灾难。页岩气似乎为化石能源的发展带来希望，但是，对于紧缺的水资源的大量消耗和对地下水的严重污染，从环境和资源的视角测算有些得不偿失。技术在不断进步，一方面，资源利用效率在不断提升，但是，技术的反弹效应和需求规模的不断扩大，使得对能源的消费总量不断增加。另一方面，探矿和开采技术的进步，使资源的极限快速逼近。不仅勘探的触角已经遍及陆地和海洋的任一角落，而且，一些低品质的矿产也得到开发。

第三个约束是可再生资源。可再生资源可以再生，但是，其再生的速率和总量是一定的。在很大程度上，生态文明的理念是维护和改善可再生资源的存量、速率和产出。这些资源是具有关联性质的土地、水和生物生产系统。土地面积是恒定的，不可以增长的，但是，其质量或生产力是可以经过改善而提升或造成退化而衰减的。水资源是循环再生的，但是，水资源的时间空间数量和分布并不是恒定的。水土流失使水源涵养能力下降，生态系统退化会使水循环发生改变。"竭泽而渔"、"焚薮而田"，则生产力毁灭，生态系统崩溃。因而，粮食安全，并不仅仅取决于土地数量，更取决于资源关联而形成的土地质量。具有一定产出水平的土地生产力，不仅是人类生存的基础，也有着支撑生物多样性、维系生态系统运行的功能。中国历史上的自然灾害，多是极端气候事件造成的土地自然生产力骤降而引发粮食严重短缺而形成的。1990 年代末期的退耕还林、还草、还湖，就是为了恢复自然生产力而进行的努力。

如果说自然因子是外在极限量，人的生物学需求则是一种内在的约束。衣食住行的质量可以有巨大差异，但是，数量应该是有限的。例如营养摄取，如果每天的热量过低会引起营养不良，如果过高则会营养过剩。穿衣也是根据气候变化和身体状况而调整。在许多情况下，自然的是品质的。例如，如果让人选择自然通风和人工清风系统，自然通风更适合于作为自然的一部分的人。生态文明的生活方式，并非是要多现代，多人工。马尔萨斯的"人口论"或1970年代的"人口爆炸"理论试图论证人口的数量会按几何级数增长，而自然生产力产出按算术级数增长，后者速度永远赶不上前者，最终，人口增长将吞噬掉发展的成果。从现实看，几何级数的增长具有隐蔽性，比如一个池塘，荷叶每天增加一倍，30天后会将其全部覆盖，窒息其他生命，但直到第29天，我们都不会注意到危险存在，因为此时荷叶仅仅覆盖了池塘的50%。但是，这一人口的悲剧性后果在现代社会、后工业社会或生态文明社会，并不会成为一个必然威胁。发达国家的人口趋稳，一些步入后工业社会的国家人口已经长期处于负增长状态。

中国1970年代末强力执行的"独生子女"政策，使中国的年人口增长率从1970年代初期2.5%以上下降到2010年代初的0.5%以下。经过30多年的实施，国家人口计生委的统计资料表明，2011年之前，独生子女政策覆盖率大概占到全国内地总人口的35.4%；"一孩 政策"覆盖53.6%的人口；"二孩政策"覆盖9.7%的人口（部分少数民族夫妇；夫妻双方均为独生子女的，也可生育两个孩子）；三孩及以上的政策覆盖了1.3%的人口（主要是西藏、新疆少数民族游牧民）。2010年11月进行的全国第六次人口普查数据显示2000—2010年年均增长率0.57%，较之上一个十年——1990—2000年的1.07%年均增长率，下降接近一半。2013年，中国60岁及以上老人比例达到13.26%，已经步入老龄化社会。联合国2010年修订的人口预测中间方案[①]，表明中国的人口峰值将在2025年，总数不会超过14亿人口，2050年人口降到13亿以内，2100年则进一步减少到9.4亿。2013年11月，十八届三中全会明确了放松人口政策的决定，多数家庭可以生育

---

① United Nations, Department of Economic and Social Affairs, Population Division, World Population Prospects, 2011.

二胎。但从社会实际反应看，人口生育政策的宽松并不会影响人口长期趋势。

工业革命以来，由于技术创新和工程手段的进步，社会创造物质资产的能力和水平得到极大的提升和快速的扩张。这些物质资产主要包括铁路、高速公路、现代物流港口、机场、大型民用建筑、能源服务设施、大型供水、排水和污水处理设施等。传统和历史上，中国的建筑以土木结构为特征，建筑质量差、使用寿命短，因而作为实物资产，存量有限。中国历史上具有文化特质的三大名楼——岳阳楼、黄鹤楼和滕王阁，或是火灾，或是自然损坏，总是在短时间内重建。工业文明下的技术手段，采用钢筋混凝土，寿命可在百年以上。例如武汉黄鹤楼[1]，始建于三国时代的公元223年，屡建屡废，仅在明清两代，就被毁7次，重建和维修了10次。最后一座农业文明下的土木结构建于1868年，毁于1884年。仅存16年，遗址上只剩下清代黄鹤楼毁坏后唯一遗留下来的一个黄鹤楼铜铸楼顶。1981年10月，黄鹤楼采用现代工程技术重建，相对于100年前的三层黄鹤楼，新楼高5层，总高度51.4米，由72根圆柱支撑，建筑面积3219平方米，规模扩大了，防火抗震，维护投入低。自世界银行[2]汇集铁路总长度的数据以来，始自1980年，美国、欧盟等发达国家几乎就没有投资延伸铁路里程，许多国家例如英国，铁路运营里程从1.8万公里减少到2012年的1.6万公里。而同期中国的铁路运营长度从5万公里增加到6.3万公里。可见，存量已经接近饱和或超过饱和的情况下，需要的只是投资维护和改造，相对于新建，对经济增长的拉动，有着巨大的差别。进入后工业社会的欧洲国家经过战后重建，房产存量已经能够基本满足甚至超过需求，房产资产存量已经饱

---

① http://baike.baidu.com/subview/1981/11187512.htm?from_id=3558210&type=syn&fromtitle=%E6%AD%A6%E6%B1%89%E9%BB%84%E9%B9%A4%E6%A5%BC&fr=aladdin.

② http://data.worldbank.org/indicator/IS.RRS.TOTL.KM.

和，因而，没有必要大规模地投资，房价也就不可能飙升或超越工薪阶层的支付能力。其他耐用消费品的实物存量也存在一个饱和度。例如小汽车，发达国家的每千人拥有量，在过去的十多年里，基本持恒甚至有所下降。美国每千人的小汽车数量，从 2000 年的 473 辆下降到 2011 年的 403 辆，表明美国的家庭小汽车拥有量已经饱和。

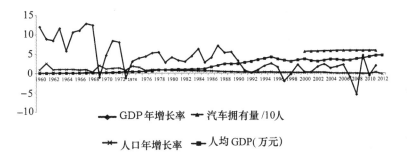

图 7—1　日本年均人口、经济增长率（%）、小汽车拥有量（小汽车/10 人）和人均 GDP（万美元，汇率，当年价）变化趋势（1962—2012）

资料来源：世界银行数据库。

日本自 1990 年后，经济增长基本处于停滞状态，因而人们认为过去的 20 年，是日本失去的 20 年。图 7—1 是根据世界银行数据描述的过去 50 年间日本的年均人口、经济增长、年人均 GDP 和小汽车拥有数量的变化情况。日本的经济增长从 1960 年代的 10% 下降到 1980 年代的 5% 左右，然后陡跌至 1990 到目前的近零乃至负增长，显然与战后日本的工业扩张、城市化、物质资产积累的存量日渐饱和有着密切的关系。人口年均增长率从 1960 年代的 1% 下降到 1990 年代的 0.3% 到 2006 年以后的负增长，没有马尔萨斯的陷阱，没有人口爆炸的迹象，出现一种自然的自我极限。

从以上分析可见，工业文明下发展范式，克服和避免了农业文明发展范式下的低生产力和马尔萨斯的人口陷阱，物质财富得到极大地丰富和快速积累，经济增长遭遇天花板。高生产率以物质消耗、污染物排放为代价，已经抵近乃至超出了地球的环境承载能力；在物质生活有保障和疾病控制、健康水平大幅提高的情况下，人口不仅没有爆炸，反而趋稳甚至下降，完成工业化国家的人口增长也逾越峰值。人类社会所需要和追求的物质财富，一旦进入后工业社会，进入饱和状态，进一步扩大的空间，就会受环境空间和社会需求的双重制约，而失去扩张的余地。

因而，工业文明发展范式下的增长极限，并非来自于马尔萨斯主义的人口爆炸而形成的灾难，而是地球的刚性物理边界、人口数量封顶和实物资产存量的饱和。在这三重极限约束下，工业化的扩张型经济增长在进入后工业社会后，就成为不可能或者不必要了。既然工业外延增长遭遇三重极限的约束，社会经济发展需要或者能够实现的，是什么样的增长呢？

◇ 第三节 生态增长

面对经济下行，政府总是存在一种工业文明发展范式下的"需要增长，不能衰退"的惯性思维。这种关于经济增长的惯性思维背后，有一个古怪的逻辑：增长说明政策正确，而衰退则是政策失误。所以只能增长，不能衰退。这样一种增长的思维定式，在工业文明的理念下根深蒂固。但是，对于进入后工业社会的发达国家，这一"刺激增长"的灵丹妙药，并不奏效，结果往往适得其反。

当经济周期到来时，为推卸责任，只有将其掩盖。而掩盖手法，无非是加大政府投入，结果造成社会整体效率降低，由于政府在经济运行中话语的比重越来越大，使集权度不断提升，不仅抑制民间创造力，还会将治理引入歧途。政府的外在强力干预只能短期有效，不可能持续。政府动用工业文明的制度机制，要求市场提供稳定、绝对平等、保障和治理的合法性，这其实是用牺牲未来换取暂时平安。

政府能加大投入，因为它的负债能力无与伦比，可债总是要还的，要么剥削下一代，要么靠量化宽松来稀释——钱不值钱了，债也就相对少了，这同样是花明天的钱，办今天的事。每次经济挫折，其实是淘汰旧生产力，为新生产力腾出空间，将多年积压的弊端集中释放，才能实现下一轮发展，不承认市场周期，靠欠债把问题拖下来，想象着无限的高速度的经济增长。被滥用的公权力不可能接受失败，宁可用更大的错误来掩盖曾经的错误，"量化宽松"就这样出台了，以刺激增长的名义，大量货币被投入市场。刺激消费的这一代人老去了，下一代人会长大，他们会带来新的增长。可问题在于，"量化宽松"使生活成本剧增，年轻人看不到希望，只好不结婚、不生孩子，不仅压抑了这一轮发展，连下一轮发展都被抑制了，虽然老一代人资本因此增值，可他们并不因此增加消费，财富被白白占用了。

1980 年代，日本经济实力大增，经济形势看好，使得日本的购买力在全世界凸显，日本国民也似都看好增长，有买下美国的预测或雄心抱负。但是在 1990 年，陡然间泡沫破灭。梦未圆，期盼高增长。因而日本政府自 1990 年代初开始，一直施行低利率甚至零利率的货币政策，但是，并没有刺激多少增长。2008 年金融危机后美国采取的量化宽松政策，效果也并不明显。中国在 2008 年金融危机后的 4 万亿人民币的"强"刺激，5 年以后尚难以完全消化。这就意味着，工业文明下的增长模式是有阶段性的。一旦跨越了工业化的阶段，必须转型，去寻求一种新的增长范式。

英国是工业革命的发祥地，也是最早完成工业化进入后工业社会的国家。其城市化水平已经接近 80%，所以没有多少依靠大规模城市化投入来保障和刺激经济增长的空间。由于基础设施、房屋、汽车等资产存量相对饱和，人口数量相对稳定，英国国内的市场空间有限，出口由于劳动力成本较高而不具备竞争优势。因而，英国早就停止了以高资源消耗、高投入的工业化外延扩张方式去寻求经济增长。这期间，英国的森林覆盖率在不断增加，也就是说，英国并没有为保增长而搞城市规模扩张和工业开发，相反，更多的土地用在了自然保护和森林建设上。此时，英国转变增长方式，最大的特点是调整经济结构。1990 年英国的第三产业在国民经济中的占比只有 66.6%，到 2013 年，三产占比提升到 79%，平均几乎每年提升 1 个百分点的三产比重。同期二产占比则从 31.8% 下降到 20.3%，几乎产业结构调整的空间都来自于二产和三产之间的此消彼长（图 7—2）。

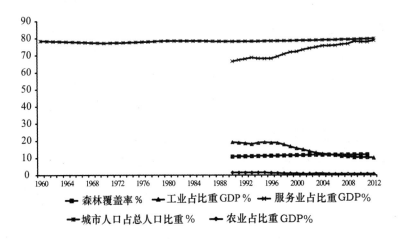

图 7—2　英国经济社会格局和环境变化趋势（1960—2012）

资料来源：世界银行数据库。

如果说日本进入后工业社会的时间要晚于早期的工业化国家的话，其城市化进程就是一个比较好的能够说明问题的指标。英国从 1960 年城市化水平接近饱和，此后基本没有任何提升。而日本在 1960 年的城市化水平只有 63.3%，比英国低 15.1 个百分点。日本的森林覆盖率高达 68.4%，应该说，如果城市拓展和工业扩张，完全有可能将林地转化为工业或城市用地，而用以经济增长。但是，日本的城市化水平在从 77.8% 增加到 92.3% 的情况下，其间森林覆盖率不仅没有下降，反而还增加了 0.2 个百分点。同样，日本的产业结构也发生了巨大变化，服务业占比从 64.7% 上升到 73.2%，作为具有强大工业竞争力、制造业高度发达的经济体，同期，二产占比从

33.4%下降到25.6%（图7—3）。

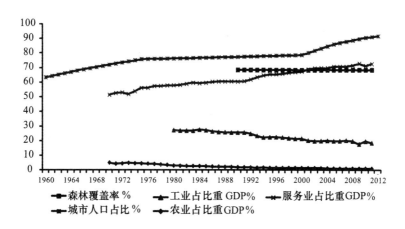

图7—3 日本经济社会格局和环境变化趋势（1960—2012）

英国和日本在森林覆盖率不断增加、环境污染得到治理的情况下，完成了城市化进程和产业结构转型，在一定意义上，可以说是一种生态转型，其增长尽管幅度低，但是，国民的社会保障和福利水平没有降低，人均国民收入还有一定幅度的增加，因而也可以说是一种生态友好型的增长。那么，生态增长有什么特点呢？第一，是经济增长速度低、幅度小，有时甚至为负，但是，这种增长避免大起大落的折腾式发展，经济是平稳的。第二，自然环境得到进一步改善，自然资产得到不断增值。不论是英国还是日本，陆地生态系统第一性生产力最高、生物多样性最高的森林面积在不断扩张，就是一个例证。第三，低的甚至是负的经济增长和工业、城市用地面积的减少，并没有导致国民生活品质的下降，反而得到提升。第四，认同三重极限约束，自然资产存量增加，实物资产存量趋近于饱和并得到有效维护，人口总量的自主约束得到实现，跳出了马尔萨斯的"人口陷阱"。第五，生态增长必须是真实的增长，而不是虚假的、不能够形成资产的增长。一幢大楼今天建明天拆后天又再建，均有 GDP，均引致增长，但是，这是一种徒劳的增长，折腾的增长，不真实的增长，因为并没有形成社会实物资产。但是，需要指出的是，发达国家的人均化石能源消费和碳排放，远高于保护全球气候允许排放量的碳预算额度，表明发达国家的消费模式在全球层面，超越了环境承载能力，还不是完全的生态增长。

对于尚在工业化中后期的中国，有两种选择：一是按部就班先行完成工业化进程，待全社会步入后工业化发展阶段后实施转型；另一种在实现工业化的进程中同步转型，实现生态增长。作为后发的新兴工业化国家，资源环境约束不允许我们按照发达国家的工业化路径实现发展，一方面，我们还要继续工业化进程，加速实物财富的积累，使实物资产能够尽快接近饱和水平；另一方面，必须要用生态文明对传统的工业化模式加以改造和提升。

唯 GDP 使得我们一切导向指向经济增长。不论是东部沿海，还是中西部地区，均认为工业和城市用地指标不够，摊大饼的城市发展和超大规模产业园区的圈地运动，客观上要求内涵扩大再生产，抛弃外延扩张的传统路径。这就要求提升经济和生态效率，尊重自然环境承载能力的边界约束，将农业转移人口纳入城市一体化发展，实现社会公正。这正是用生态文明理念对工业文明生产和生活方式的改造和提升。

首先，从增长速度上，工业化进程中的经济体与后工业化的经济体不会完全一致。中国的基础设施和其他实物资产还远没有达到饱和水平，因而我们的增长速度高于发达国家，并不意味着我们的经济增长就不是生态增长，关键要看是否是真实增长。真实增长体现在两个方面：一是看是否有真实的实物资产积累，二是看资源环境代价。许多大城市外延扩张中的城中村，其资源环境代价可能不是很大，但是，这些建筑没有规划，质量低下，基础设施不匹配，并不能形成真正意义上的实物资产，因而迟早要被拆迁、被改造。由于中国经济发展不平衡，各个地区的增长也并不必要完全一致。例如，东部发达地区受"三重极限"的约束较为明显，因而，增长的速度会低于中部和西部地区。其次，自然环境的资产存量和环境质量得到提升。由于中国的生态环境较为脆弱，承载能力相对有限，在工业化进程中，不仅需要考虑减少增长对环境的破坏，还要考虑改进环境的增长。再次，是要社会公正地增长。如果增长的收益不能惠及普通居民和穷人，共同富裕不能实现，社会就会有不稳定因素，这种不稳定因素对自然资产和发展而积累的实物资产都会形成威胁。这也是为什么发达水平越高，社会分配越公平，而欠发达国家和没有跳出中等收入陷阱的国家的基尼系数要远高于发达国家。这就意味着，生态增长也是以人为本的增长，不是为了少数人的增长。最后，生态增长必须是与自然相和谐、尊重自然的增长。许多城市利用现代工业文明的技术造摩天大楼，可以形成增长，也有实物资产的积累，但是，这种高楼需要消耗更多的生态资产来维护和运行，实际上不是一种顺应自然的发展。

◇ 第四节　稳态经济

生态文明下的经济增长，寻求生态增长，最终走向稳态经济。所谓稳态经济，有两种实现途径。一种是主动转型，一种是被动转型。穆尔理想中的稳态经济，就是一种主动选择；而戴利所论证的稳态经济，则是一种边界约束下的被动顺应，也应该算是尊重自然的一种选择；而马尔萨斯或梅多斯极限约束，则是一种被动的、无奈的动态均衡，实际上是一种非稳态。

中国长达数千年的农业经济，具有一定的稳态属性，但是，多是一种被动的适应，而且随着农业技术进步和社会安定会有一定的增长，所以，是一种波动的稳态。由于生产力低下，生活品质低，社会物质财富匮乏，显然不是穆尔理想中所追求的稳态经济。更多地，我们或认为，具有一定马尔萨斯属性的动态稳定。新中国成立后，中国大力推进工业化，成为一个发展中的外延扩张的增长型经济。尽管出现波动，中国经济总体上一直处于增长状态。

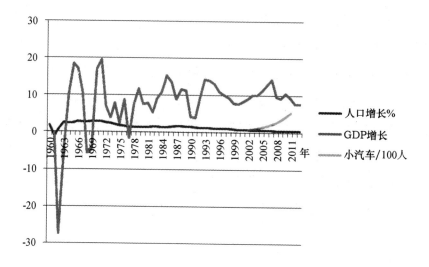

图7—4　中国经济转型：迈向稳态经济

经过改革开放后30多年的高速增长，中国的物质财富已经有了一定的积累，但是，离发达国家的水平尚有较大差距，因而对高速经济增长的期盼还十分强烈。然而，由于环境承载能力和自然资源存量快速耗减，传统的发展方式受到质疑。中国每百人小汽车的拥有量，2000年不足1辆，目前已经接近10辆。实物资产积累速度快。尽管小汽车拥有率只有发达国家的1/4，但中国原油对外依存度却超过60%，城市交通拥堵、雾霾严重，这表明已经抵近容量极限。在另一方面，中国人口发展格局发生巨大变化，1970年代普遍担忧的马尔萨斯人口陷阱，已经远离中国而去。而且，在2025年前后，中国人口就可能抵达峰值，比10年前预测的峰值时间提前15年，人口规模低20%左右，到2100年，中国的人口数量将比当前要减少约 1/3。

这是一些矛盾的信息。一方面中国的物质财富积累还有一定的空间，另一方面，自然环境约束的刚性越来越明显，人口自我约束的极限也近在眼前。如果日本的增长轨迹具有借鉴意义的话：1950—1970 年代长达近 30 年的 10% 的高位增长，到 1980 年代的调整期或转型期 5% 的中速增长，到 1990 年代以来的近零增长，从一个快速扩张型的经济体转变成为一个具有稳定状态的经济体。日本 1980 年代的人口增长率与当前中国的水平大致相当，在 0.5% 左右；进入近零增长的 1990 年代，日本的人口增长率大约在 0.3%，进入 21 世纪，日本的人口增长率进一步下降，自 2006 年后进入负增长。尽管中国人口政策出现一定程度的宽松，人口变化的格局可能比日本要趋缓一些，但是，中国的人口总的发展态势与日本具有一定程度上的相似性，而且人口老龄化的速度和规模要快于日本，尤其是数以千万计的失独家庭，他们并不需要多少物质资产的积累和消费。从这一意义上讲，日本经济转向速度近零但是品质增长，对中国具有借鉴意义。

在这样一种情况下，中国经济面临的下行态势，是一种正常趋势，或者说是一种必然。日本经济从 1970 年代的 10% 的增长率陡然降低一半到 1980 年代的 5% 左右是一种正常现象，那么，中国经济在"十三五"（2016—2020）期间下降到 5%，就没有必要大惊小怪。进入 2020 年代中后期，中国经济增长率进一步下降到 3% 或者以下，也不足为奇。

如果是这样，我们面临的不是一种经济增长下行的风险，而是经济增长从高速转向低速而后迈向近零增长的必然趋势。我们首先要做的，不是保增长的速度，而是保增长的质量，确保经济增长是真实的增长，有物质财富积累的增长，而不是折腾。其次，或者说更重要的，是要保障社会公正。日本的经济增长转型，时间非常短，前后不过 10 年时间，增长率从10% 左右陡降至近零水平。日本社会没有出现社会动荡，一个主要原因就在于日本的收入分配相对来说比较公平，日本的基尼系数，在发达国家都是处于较低水平的。中国由于历史上形成城乡二元结构，在改革开放后快速经济增长期间延伸到城市内部的户籍与非户籍二元结构，垄断性高收入的国有经济和竞争性相对低收入的民营经济的二元体制，严重阻碍了经济增长的收益公平地惠及全体国民的进程。这就使得中国社会表现出一定的脆弱性，一旦经济增长出现较大波动，社会稳定就成为难题。

最后，是要保生态环境。近零增长实际上是一种生态增长，经济增长与生态系统的自然生产率的增长具有互通性，我们所消耗的，是生态系统的净增长，没有消耗生态环境的自然资产存量。保住了生态环境，就是保住了家园，保住了经济增长的基础。因而，任何破坏自然、毒化环境、危害生态的生产和生活范式，都必须严加制止。

中国的人口态势和资源环境为我们的增长转型提供了内在和外在的条件和压力。目前已经高达数以千万计的失独家庭、2020 年代中后期进入老龄阶段的大量人口，寻求的不是物质资产的积累和占有，而是优美的生态环境和基本的社会保障。迈向稳态经济，是一种自觉，一种必然。

第 八 章

生态文明的消费选择

农耕文明下生产力低下，物质资料短缺，满足人的基本需求成为消费的基本导向。工业文明下的规模化高效率大生产，物质资料得到极大丰富，消费追求超越了基本需求，社会进入大额高消费时代。这样一种不可持续的消费模式实际上也加速着工业文明范式的终结。新的生态文明范式寻求品质、健康和生态友善的可持续消费，这不仅是一种伦理准则和社会选择，还需要生态文明的制度规范的约束，推进范式转型。

◇ 第一节　消费选择的自然属性

作为自然生态系统的一部分，即使在物质资料极为丰富的时代，人的消费不可能、也没有必要是无限的。这是因为，一方面人的消费受到自然的约束，不可能是无限的，另一方面，人作为一个生物学个体，生理上的物质需求也存在一个限度。尊重自然的理性消费，是一种有着自然和生物学边界的消费。因而，即使我们不主动地尊重自然，而是被动地尊重，我们的消费也是遵从自然的，包括自然的物理学含义和生物学含义。

人类物质消费文化的一个基本理念是对货物或资产的欲望和追求。这一理念对于经济发展和物质生活水平的提高具有积极效应。但在另一方面，它也存在一些非理性的成分，并不利于人类生活质量的提高和社会的进步。

实际上，物质消费只是人类生活的一部分，它不可能是无限的，任何过度的消费对人类社会都有着一种消极的负面影响。

自然的或物理学意义上的约束主要表现为自然资源物理量的有限性。我们只有一个地球，土地资源、水资源的总量是一定的；不可再生的化石能源贮量也是一定的，在有限的地质时期内不可能得到补充，一旦消耗殆尽，便不可能复得。按目前的地质贮量，石油可供世界消费约40年，煤炭200年。我国的大庆油田和胜利油田尽管通过创新采用先进的三次采油技术，但原油产量不断减少，成本不断攀升，原油储量走向枯竭。即使我们能够找到汽油的替代品，汽车的空间占位和道路需求，也会受到地表有限空间的限制，尤其是适合于人类居住的有限空间的刚性约束，人人拥有小汽车的梦想不可能实现。太阳能是恒定的，不衰减的，但单位面积的太阳能强度是一定的，而且随昼夜和季节变化。生物资源可再生，但在给定的气候及技术条件下，生物产量也是有限的。由于受国土面积和适合人居环境的限制，中国不可能满足当前人口所需的每户均拥有庄园别墅的梦想。

我们说，工业文明下的技术进步在生态文明范式下仍然有效，有助于缓解自然资源的物理约束，满足我们不断提高的消费需求。诚然，通过改进土壤肥力、改良农作物和动物品种，从而提高生产率。即使这样，尊重自然，仍然有两个方面与我们的消费需求存在矛盾：一个是心理上的，一个是生理上的。从心理上讲，我们可以住在高楼比较大的空间里。但是，高楼的住房空间与平房或低楼层别墅的心理感觉存在差异。不仅我们需要支付电梯运行费用、高额的大楼维护费用、高楼的安全防范费用，还需要承受心理上的空间压缩感和不安全感。地下空间可以满足我们的日常起居住房需求，但是，从生理上，人是自然产物，需要自然通风、自然采光、自然的绿色空间。

现实的市场消费取向，就足可以印证这样一种尊重自然的消费选择。相同地段、相同品质、相同面积的住房空间，市场价格作为一种消费的显性偏好指标，地下室的价格要低于半地下室；背阴的北向房价要低于朝阳的南向房价；塔楼单向采光的房价要低于可以空气自然对流的通透的多向采光的房间。市场上的农产品，有机的、绿色的、天然的价格要高于常规工业化方式生产的农产品。从性能上讲，转基因农产品可以满足我们的生物学需求，但是，对于转基因的一些心理上的担忧，使许多消费者反对转基因农产品。我们选择天然矿泉水，也是消费选择的一种自然偏好，尽管现代技术可以人工合成或配置同样矿物质的饮用水。污水可以通过净化处理到符合饮用水标准，但是，自来水厂多选择没有污染的水源地。水处理成本的高低并不能完全解释为什么消费者欣然接受远高于达到饮用水标准的自来水价格的天然矿泉水。亲近大自然的旅游消费，也是具有自然属性的一种消费选择，因为长期远离大自然在一个人工的环境里，人的心理、生理需要一种自然回归。

如果说上述具有物理属性的消费选择是外在因素的话，作为生物学个体和群体的消费需求，则多具有生物学内在属性。一般来说，人文发展的基本消费应该是有限的，但奢侈性消费却是没有止境的，例如交通，从效用的角度讲，只要在可以接受的时间范围和舒适条件下完成空间位移，均可以满足需要。我们可以选择公共交通工具，可以选择经济型的私人汽车，也可以选择豪华型的大排气量轿车，奢侈享受可以是无限的。又如旅游，可以是经济型的自助游，可以是享乐型的消遣游，甚至是猎奇型的太空游。住房作为生活的必需品，人均 20 平方米可以满足生活所需，但人们向往更大的住房面积，希望拥有独门大院的豪华别墅。由于人们的想象力和创造力的无限性，也就决定了人们对物欲消费的无限追求。

然而，作为具有生物学特性的个体，人的消费是有一定的量的限定的。从生物学意义上讲，人类个体的身高、体重、期望寿命、营养需求均是一定的。尽管有人种和遗传学上的差异，人的期望寿命一般介于 50—90 年之间，有少数人可以超过 100 岁，但人类个体的生命极限不超过 150

岁。图 8—1 所显示的是人均收入与期望寿命之间的关系。随着收入的提高，人的期望寿命却几乎保持不变。

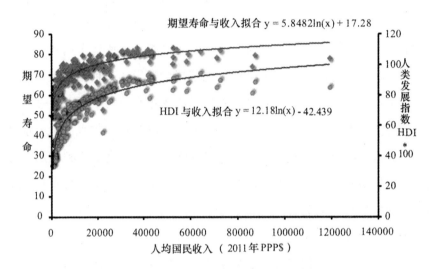

期望寿命与收入拟合 $y = 5.8482\ln(x) + 17.28$

HDI 与收入拟合 $y = 12.18\ln(x) - 42.439$

图 8—1　人均期望寿命（年）、人类发展指数（HDI）与

人均收入［美元（ppp）／年］（2011）

数据来源：UNDP（2014），《人类发展报告》，牛津大学出版社，纽约。

图 8—2 所展现的人的营养摄入量，对于许多发展中国家来说，明显存在营养不良；但在许多发达国家，却出现营养过剩。实际上，一些发达国家如德国的人均营养摄入量，已从 1960 年代的 3600 卡/天下降到 3200 卡/天。当然，不同的食物结构，热值不仅相同，因而出现消费数量上和品种上的差异。实际上，这种差异正是人作为生物学个体的消费选择的一种自然属性的表现。我们需要的，不仅仅是单一的营养，而是多种营养的组合，多种食品的组合。但是，不论如何组合，营养需求的总量有一个生物学限度，这是一个客观存在，人类不可能逾越，也没有必要逾越。物欲消费的无限度理念，是人类占有欲的一种表现，并不是一种客观、科学的实际需要。实际上，在一些发达的人口老龄化的国家，从食物获取的热值，在人

均水平上，还处于下降状态①。例如日本，人均预期寿命，从 1992 年的 79.2 年，增加到 2002 年的 81.6 年，2014 年，这一数值进一步提高到 82.9 年。而人均食物供给所提供的热值，1992 年为 2942 卡/天；10 年后的 2002 年，这一数值下降到 2881 卡/天，2014 年进一步下降到 2728 卡/天。石油输出国科威特，过去 20 多年人均国内生产总值在 8 万美元/年，从食物供给获取的热值，从 1992 年的 2144 卡/天，增加到 3465 卡/天，到 2014 年，这一数值则下降到 3348 卡/天。有可能极少数社会个体占有大量资源而实现无限度的奢侈消费，但对于社会群体，必须要服从物质消费的限度约束。即使是少数人的奢侈性消费，在许多情况下是没有必要的，而且也没有可能。认识这一限度约束，有助于理性消费观念的形成。

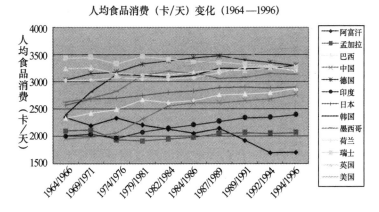

图 8—2　人均食品消费（a）与农业生产指数的时间系列变化（b）

数据来源：FAO, Food Balance Sheets, Rome, 1999。

消费选择的自然属性与工业文明范式下的高额物质消费倾向有着鲜明的区别。消费的自然属性表明人是自然的一部分，要尊重自然的约束；消

---

①　FAO, *Food and Nutrition in Numbers*, 2014. Rome.

费者作为生物学意义上的个体和群体，消费偏好也有自然属性，并非对人工制造的各种消费品的无限量需求，而且也有一个量的限度即消费的饱和度。这一自然属性，正是生态文明范式下的消费选择的基础。在物质充裕的时代，人的消费并不都是完全物质的，而是一种自然的选择。满足基本需求是一种生物学需求，具有自然属性，生物学意义上的消费数量限度，也是一种自然属性；对自然原生态产品的消费偏好，客观上表明了人是自然的一部分。构建尊重自然的消费理念，不仅与消费的自然属性高度吻合，而且有着市场偏好的现实印证，表明工业文明的物欲消费理念与消费的自然属性具有不相容特性，需要树立生态文明的消费观。

◇ 第二节　生态公平的消费价值取向

消费的自然属性揭示了资源的有限属性和消费需求的刚性，即生物学意义上的物质需求保障和物欲消费的无限性。由于技术手段和制度设计与安排对于消费选择不具有强制约束性，为了满足理性或非理性的消费，现实社会的消费选择可能不考虑生态公正和社会公平。

所谓消费的生态公正，指的是人的消费忽略或剥夺自然生态系统中其他生命有机体种群生存所需的物质消费权益，从而危及生态系统中一种或多种生物有机体种群繁衍和生态系统整体功能的消费行为或选择。生态公正消费观的伦理基础是"生态中心论"[①]或生物中心论，其价值体系以自然为中心，而不是以人类为中心。这一伦理观认为，人类和非人类生物有机体有着各自的内在价值，生物圈内各种生物应该享有均等的权利，要求在生物圈内各生物种群中实现平均主义。人类只是生物圈的一部分，尽管是

---

① Rowe, Stan J., "Ecocentrism: the Chord that Harmonizes Humans and Earth", *The Trumpeter* 11 (2): pp. 106 - 107, 1994.

重要的一部分。相对于人类，生物圈更具有包容性、更为复杂、更具有关联性、更具有创造力、更为美妙、更为神秘，而且更为古老。因而，生物圈内的其他有机体和自然资源，并不是专门为人类所消费的对象，并不是为了满足人类的消费需求。人类是自然界有机体和无机环境的不可分割的一个组成部分，我们的生活方式和导向必须要加以调整，从人类为中心转向以地球为中心。从科学上讲，所有有机体都是在地球上进化而来，都依赖地球而生存。生态中心论并不否认人的价值，只是强调人只是地球系统的一个成分，我们的消费，不仅仅是不要毁灭其他生命群体，以及其他生命群体赖以生存的自然资源，而且要给其他生命有机体留有充分的生存和消费空间。

生态中心的消费伦理观还特别强调人的精神需求。包括生命有机体和无机环境资源如名山大川的自然，是人类创造力和想象力的源泉和基础，是心灵净化不可或缺的载体和场所，是认知升华的对象和目标。一旦物种消失或自然景观受到破坏，这些生命有机体和无机环境自然的内在价值也将消失，也会使得人类永久失去对这些东西的物质和精神消费。

如果只是考虑人的消费需求，也就不是严格意义上的生态中心主义的消费伦理观了。与生态中心主义的消费伦理不同，人类中心主义的社会公正要求的消费伦理只是考察人的消费的公平，包括代际公平和代内公平。罗尔斯的社会正义，考察的是社会弱势群体的利益保障。在"无知之幕"的后面，社会成员对自己的社会地位、消费能力、消费偏好均不知晓的情况下，做出消费选择。根据"最大最小"即社会最弱势群体的利益最大化原则，社会做出的符合社会公正的消费选择，是保障社会弱势群体的消费权益。以大气污染为例。社会成员对未来的居住地，不知道是处于空气清新的地方还是大气污浊的地方。为了确保处于不利社会地位的弱势群体避免生活在空气污浊的环境，公正的社会选择是要求最差的空气质量也要符合人类居住的环境质量标准。

中国社会的公平，强调的是作为生产资料的自然资源占有的公平。自古以来社会公平的对象和目标，是"均田地"，使每个社会成员拥有均等数量的自然资源作为生产资料，而不是最终消费品的公平占有和分享。如果比较对土地作为生产资料的公平占有和对农产品作为最终消费品的公平分配，前者更具有生态公正的内涵。这是因为，生产资料的占有是为了可持续的消费品的生产，需要维护和提高土地的生产力，这就需要尊重自然、顺应自然，确保人与自然的和谐。有了生态资源的公平占有，生态产品的公平分享就成为一种结果。生态产品或服务的公平分享，如果并不关注用以生产生态产品的生产资料、土地生产力的维护和提高，就得不到应有的投入。

在可持续发展框架下的代际公平，是在不损害子孙后代满足其生态消费的前提下，来满足当代人的生态消费需求。由于子孙后代对当前的生态消费决策没有话语权，他们是相对弱势的群体，因而，在"无知之幕"下"最大最小"原则的社会公正，是保障未来子孙的生态消费。这就意味着，我们需要保护生态，维护生物多样性，使我们的子孙后代也有与我们一样的机会和权利，享有基本的生态服务和产品。如果当代人破坏环境，超越承载能力高额消费，显然是对子孙后代消费权益的侵害。平均主义的"均田地"，由于占有的生产资料是有限的，代际公平要求每一代人在有限的自然资源的承载能力范围内生产和消费，这种有明确物理边界的生产资料，不仅仅是数量上的，而且是质量上的。对子孙后代负责，当代人需要将用以生态产品和生态服务的生产资料，在数量和质量上不致降低，也就是不同时代人之间的生态资产不会随时间减少。

代内公平的消费观，要求不同的社会群体之间、同一社会群体的不同个体之间对生态资产的公平占有或生态服务或产品的公平享有。但是，这种公平占有或公平享有，不可能是绝对平均主义，主要体现在三个方面。一是对社会弱势群体基本需求的满足和保障。人与人的和谐，需要消费尊严，如果生物学意义上的基本需求不能得到满足，这部分消费群体和个体缺乏生存保障，社会和谐就不可能实现。二是需要理性的消费。人与自然的和谐，不是掠夺自然、破坏自然、超越自然承载能力的消费，也不是奢侈浪费型的消费。三是一个社会群体或个体的消费不能对另外一个社会群体或个体的消费带来损害。在工业文明下的消费，通过高污染、高排放、高消耗，来满足自身的消费，但是，这会对其他社会群体和个体的消费产生巨大的不利影响，例如，污染地下水，大气污染影响其他地区。

生态公平的价值取向，富有的社会群体和个体承担更大的社会责任。这是因为，富有群体的消费价值取向是一种社会消费文化导向，影响全社会，而相对弱势的群体的消费价值取向对社会、对未来的影响相对较小。不仅如此，富有的消费群体有能力选择高效率低排放的消费方式，减少对生态的破坏和资源消耗。更重要的正是这些富有的群体具有高消费奢侈浪费消费的能力，占用其他社会群体的生态资源，超越地球的承载能力。例如，我们社会的富有群体，如果不将钱花在购买超豪华、大排量的奢侈性轿车，而是将资金用在购买太阳能光伏发电设备上来生产可再生能源，替代燃煤电力和汽油，这就是一种符合生态公正的可持续的消费价值取向，引领着全社会的可持续消费转型。

◇ 第三节　生态友善的理性消费

生态公正的消费价值取向是公平、理性、生态友善的消费。工业文明下的消费范式，是高消费。为了实现高消费，就要更多的财富，把蛋糕进一步做大，带来和刺激更大量的消费。形成物欲消费—生产扩张—财富增加—消费高涨的循环局面。这一消费循环，有利于刺激经济增长，扩大GDP规模，是工业化进程不断推进的结果。同时，也是生态退化、环境污染、资源枯竭的根源。生态文明范式的消费价值取向，需要弱化甚至打破这一循环，实现可持续的生产与消费。

物欲消费强调收入增长与物质消费，以效用为基础的古典和新古典经济学理论将发展理解为经济增长，增长又被进一步界定为收入的增加。这是因为，物质消费带来效用，效用的度量又以货币为单位。货币量的增加也就等同于效用的提高，进而导致社会福利水平的上升。1960年代初美国经济学家罗斯托提出的经济发展阶段论，将人类社会发展的模式概括为一线性的、物质消费水平不断提高的过程。罗斯托认为，人类社会发展会经历6个经济成长阶段：一是传统的农业文明社会，生产力低下，生产主要依靠手工劳动，农业居于首要地位，社会物质财富有限，消费水平很低。二是飞准备阶段，工业文明已经出现，传统的农业文明受到挑战，技术创新形成的竞争优势使世界市场扩大，成为经济成长的推动力，消费水平开始提高。三是起飞阶段。工业化进程起步，具有较高的积累率，即积累占国民收入的10%以上；工业发展成为主导部门；工业文明的制度构架初步形成，例如建立使私有财产有保障的制度；建立能代替私人资本进行巨额投资的政府机构等。此时，工业文明占据主导地位，经济实现起飞，物质财富不断积累，消费产品多元化，水平和层次进一步提高。四是成熟阶段。现代技术已被推广到各个经济领域；工业将朝着多样化发展，新的主导部门逐渐代替起飞阶段的旧的主导部门。五是高额群众消费阶段。这是一个高度发达的工业社会。六是高额消费前提下的追求生活质量阶段。[①] 简言之，经济成长阶段，实际上就是工业文明取代农业文明、生产规模和能力大幅提高、消费水平和能力不断提高的一个线性过程，最后走向高额消费阶段。至于消费是否可持续、生活质量如何实现，似乎并不重要。

这一以物欲消费为测度的发展模式具有单向性，即从低转向高水平的

---

① W. 罗斯托：《经济成长的阶段》，郭熙保、王松茂译，中国社会科学出版社2001年版。

物质生产与消费。以货币收入量的提高为特征。因而，人类社会的努力，以货币收入的增长为着眼点和评价标准。世界银行的发展报告，对各国可持续发展水平的评价，尽管考虑了许多因素，但核心仍是国内生产总值的高低为决定因子。改革开放以后我国的发展目标，也多以人均 GDP，产值翻番为指标。

对于消费者，也就意味着目标是单向的，即挣大钱、高消费。诚然，收入高，可以有许多消费选择，获取各种消费机会。当今社会消费思潮，也是以物欲消费为导向的，电器、房子、汽车、旅游。但是，我们要问：收入和消费水平就是生活质量的全部内容吗？设想，一个人的收入水平很高，购买力很强。但是（1）他的身体状况不好，不能开汽车，不能外出旅游。这样，他具有物质消费能力，却不能实现。（2）他希望有许多业余爱好，如游泳、网球、音乐器械，但他却不会或没有时间去实现，只能望而却步。（3）他有许多好的社会主张、思想观点，但他却没有人身自由，没有发言权，没有政治权利，其主张观点得不到发表、认可、接受，因此有着很大的思想负担和精神压力。我们能够说，这样一个高收入者的生活质量高吗？实际上，有许多人为了追求高收入、高消费，整天忙碌，身体处于亚健康状态甚至是病态，还有些人为了高消费而贪污腐败，诈骗抢劫，走向犯罪。这样一种单向的物欲消费理念，结果适得其反。

既然货币收入和物质消费不能客观全面地体现生活质量水平，我们有必要考察生活质量的内涵。早在 1950 年代初期，就有学者提出，人的生活质量，应该包括营养状况、身体条件（身高、体重）、期望寿命、收入水平，以及政治与民事权益①。1980 年代中期，了解欠发达的贫穷落后社会消费实际状况的经济学者阿玛蒂亚·森提出"后福利主义"的发展观，认为发展就是人的各种潜力的实现能力的增强。基本的营养，健康的身体，工

---

① Amatya Sen, Development as Freedom（2ndEd），Oxford & New York，Oxford University Press，2001.

作的机会，民事权益，政治自由等是人与生俱来的权利。1990 年，联合国开发计划署选用收入水平、期望寿命和教育状况对世界各国的人文发展状况进行评价①。在关于全球温室气体减排的责任确认和义务分担分析时，针对发达国家人均碳排放是发展中国家数倍乃至数十倍的情况，一些发展中国家的学者进一步将物质消费划分为基本和奢侈性消费，认为满足像样的生活所需的基本物质消费是人类社会个体的基本权益②。

显然，物欲消费并不能反映生活质量，并不局限于基本需求的满足，含有奢侈性消费的内容。根据工业文明范式下的基本伦理观，人的幸福以效用为度量。一般认为，物质消费产生效用，带来福利增量。但是，由于消费的自然属性，生态环境资源的边界约束和生物学个体物质需求的饱和特性，物欲消费存在限度约束，并非是所有的物质消费均产生效用，有的实际上是一种负效用，对福利水平具有消极抵消效应。

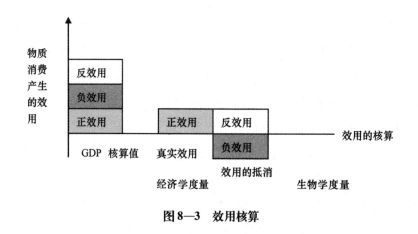

图 8—3　效用核算

对生活或福利水平，消费具有正向效用或负向效用。所谓正效用，指

---

① UNDP.

② 潘家华：《满足基本需要的碳预算及其国际公平与可持续含义》，《世界经济与政治》2008 年第 1 期。

消费增加带来生活质量的改善或福利水平的提高，而负效用则是增加的消费减少或降低生活质量/福利水平的消费。例如对营养的摄入，如果所摄入的养分是一个人生长发育和体能劳动消耗所必需，这种消费便具有正效用。如果所摄入的养分超出了生长发育和维持生活、工作所需的数量，在人体形成有碍健康的物质如脂肪的堆积或不良生理现象如高血脂、高血压、高血糖，这种过量的消费便是一种负效用。为了弱化或消除过量消费的负效用，需要进一步的消费，如各种减肥药品、食品、降血脂、降血压、降血糖的药品、保健品。这种消费看起来是正效用，但实际上它只是让人回到正常或最佳的生活质量或福利水平，属于一种抵消性的反效用，其净效用应该为零（如图8—3）。

在现实经济和消费活动中，只要是消费，均具有增加值，均产生经济学意义上的正效用。也就是说，经济学意义上的效用，是正效用，负效用和反效用绝对值的和。但从生活质量/福利水平的角度看，只可计入正效用，负效用和反效用具有抵消效应，不可计入福利增量。在物欲消费中，有许多实际上是负效用和反效用消费。例如空气净化器，在没有空气污染时，根本不需要空气净化器来净化房间内的空气，但由于大气污染，雾霾横行，便产生市场需求，厂家生产各种家用空气净化器，这些空气净化装置，只是将空气质量净化到没有污染的水平，污染的生产有增加值但产生负效用，净化器生产和消费也有增加值，但两相抵消，净福利增量等于零。这也就意味着，从物质需求、占有和消费需求的视角看，生物学意义上的生活质量/福利消费的正效用是一定的，不是无限增加的；但经济学意义上的效用由于包括负效用和反效用，则可以是无限的。经济学意义上和生物学意义上的效用值差异，随着物欲消费量的增加而扩大。

由于物理学限度约束的存在，也有许多反效用现象，例如水污染，由于自然水体的自净能力一定，任何超出这一水环境容量的污染物排放便是一种负效用，所谓的负外部性。为了消除水污染这一负效用，需要投资和运行污水收集/处理设施。这些活动实际上是一种类似于"减肥"的反效用，并不能使水体比自然状态更洁净。在经济统计中，过量排污并没有从生产经营活动的增加值中扣除。而污染治理的费用是计算固定资产投入和增加值的。又如生态系统破坏后的恢复与重建，对于濒危物种的抢救和保护，实际上是一种反效用。这种经济活动并不带来新的生物学种群的产生或扩大，相对于自然状态的生物种群，这种努力只是一种保护和恢复，并没有真正意义上的新的社会福利增量。

当然，人类的社会经济活动，显然是存在一些"正常"的，或"不可避免"的负效用，需要国民经济体系的生产和消费维护其正常运行。例如，人吃五谷杂粮，不可能不生病，自然季节的温度变化，受热、风寒、感冒，也在所难免。中年以后随着年龄的增长，身体机能的老化或衰退，也是正常现象。这样一些医疗保健消费，显然不是因为负效用而产生消费，是一种正的效用。同样，一些自然的极端天气事件、地质灾害，并不是因为人为活动产生的负面影响所致。夏天高温热浪对于空调的需求和消费、冬天冰冻寒冷对于供暖的需求和消费，以及暴风雨对于生活设施损坏后的修复，也是正效用。但是，如果其中的一些消费过度，例如夏天空调温度过低而生病，显然就是一种负效用，为了治疗"空调病"而发生的效用，是为了抵消过度消费而产生的负面影响，是一种反向作用的效用即反效用。

不论是人类营养的过量摄入，还是超出环境容量的污染物的排放，生态系统破坏后的恢复与重建，以及濒危物种的保护与抢救，均与工业文明范式下的物欲消费理念直接相关。认识经济和消费活动中的负效用和反效用，对于转变消费观念、走向理性消费无疑具有积极效果。生态文明范式下的消费选择，是尊重消费的自然属性，尊重自然的一个"度"的量的掌握。对于一些工业文明生产的危害社会和身体健康的消费品，社会规范已经建立起一些禁止（例如对于毒品）和限制（例如对于烟草的需求）。对于其他一些生活消费品（例如酒），适量消费，效用是正向的；但是，酗酒显然就是对社会对个人身体产生负面效果的消费。生态友善的消费，寻求的是理性、健康、品质，遵循的是自然限度或承载容量，保障的是人与自然的和谐、人与社会的和谐，从而实现一种可持续的消费范式。

◇ 第四节　生态文明消费的政策导向

工业文明之所以相对于农耕文明是一种社会进步，是因为社会生产力水平大幅提高、物质财富的大量增加，满足了人类社会的物质消费需求，使人的生活水平得到了不断提高。因而，工业文明范式下的物欲消费理念并非全然不可取，其中也有理性的内容。经济增长和收入增加是社会进步的一个重要因子，也是人文发展权益的一个基本内容。为使物欲消费理性化，需要做到两点：一是注重生活质量的提高，而非简单的收入水平的提高，尤其要强调生活质量的多维特性，包括营养、健康、教育、民事和政治权益等诸多方面。货币收入的增加和物质消费水平的提高，最终目的也是为了改善生活质量。二是要认识物欲消费的限度，包括生物学和物理学意义上的量的约束。这一限度要求，人类社会对于物质的消费应该有一个权限的约定。基本的物质消费和各种生活质量的基本内容是人类社会群体和生物个体的基本权益，应该得到尊重，需要得到保障。但在另一方面，对于奢侈性的消费，在许多情况下产生的是负效用和反效用，对社会进步和福利水平的提高并没有积极意义，需要加以遏制。尤其是在满足基本权益的消费与环境资源的物理学约束产生冲突时，更需要采取措施，压制过度的物欲消费。

前一种理性化过程要求我们实现从物欲消费数量到全面提高生活质量的转变，防止片面追求收入增加和物质消费。后一种理性化则要求保障基本人文权益，遵从物欲消费的限度约束。这两种理性化，均需要消费理念的转变，环境文化素养的提高，含有许多环境伦理的成分。但在另一方面，带有强制性的制度规范有助于强化环境道德理念。在欧洲，通过延长劳动时间来增加额外收入被认定是一种不正常竞争，具有违法特性，一旦发现需要受经济处罚；而且额外收入也要按累进税制缴纳所得税。发达国家较为完善的社会保障体系可以使社会成员的基本生活及各种民事和政治权益得到相应的保障。在国际上，有《生物多样性保护公约》《湿地公约》《濒危野生动植物种国际贸易公约》等，对一些濒临灭绝的野生动植物的消费不仅严加禁止，而且也对其栖息地划定保护。各国也都制定了一系列法律法规，对一些涉及生态系统功能发挥、对人类健康有风险的产品或物质加以限制或禁止。

除了强制性的法律手段外，各种市场经济手段也被用来调节消费导向、促进消费的生态公正。许多国家对一些涉嫌奢侈或有负面影响的消费品课以高额税收，用以抑制消费，也用来筹集资金，例如对于烟草和酒水的高额税率。对于有限的自然资源的消费，为了鼓励节约、遏制浪费，也为了保障基本需求和调节收入分配，征收资源消费税，可以保障资源消费的正效用，遏制消费的负效用，减少消费的反效用。例如欧洲许多国家课征的能源税、碳税，对烟酒征收高额税率等。瑞士石油全部依赖进口，几乎全部用在私家车的消费，是碳排放的重要来源。瑞士政府对汽油征收消费税，但并不是用以政府开支，而是按绝对平均的方式，将燃油税的全部收入平均分配给每一个国民。对于私家车用的多、油耗大的国民，缴的燃油税就多；而对于没有使用私家车的国民，没有缴纳燃油税，也可获得一份平均的分配。这就等同于对自然资源消耗多的社会个体对消耗少的社会个体的补偿，或富人对穷人的补偿，也可理解为一种生态补偿。

在一些发展中国家，如南非和印度，也制定了一些保障基本消费权益、遏制奢侈性消费的政策。南非政府为了保障穷人能够拥有基本照明用电，采用阶梯电价，每月每户低于50度电，享用较低电价，随用电量增加而电价不断提升。南非缺水，随着用水量的增加，水的费率会不断增加。这就意味着，累进制的资源消费价格体系可以作为一种有效的政策手段来调节消费，促进权益保障，抑制过量消费，对于一些基本消费品，如水、能源和住房，如果消费量低于基本生存所需数量，则免费供给或提供补贴；然后，随着消费数量的增加，费率以累进制形式迅速增加。这种资源消费的累进制可以起到三重效果：（1）保障弱势社会群体的基本消费权益；（2）遏制负效用和反效用的资源消费，体现生物学和物理学的限度约束；（3）筹集资金，用以研究与开发，提高资源利用效率或改善环境。

资源消费的累进税率，可以从量或从价计征，对于一些基本生活必需品，如水、电、煤气，宜采用从量累进计税；对于其他消费品，如烟、酒、住房、保健品、汽车等，价值差异非常大，宜采用从价计征累进税。例如住房，面积相同，区位不同，建筑材料和质量不同，价值可能相差数倍乃至数十倍。显然从量计税不合适，而需要按房地产的市场价值，计征消费税。

第 九 章

生态制度创新

　　向一种新的社会文明形态的转型，必然要有相应的制度创新，不断规范并加速转型进程。从农耕文明向工业文明的转型，经历了资本主义制度的创新和完善过程，建设生态文明的制度体系，也并非是要全盘否定工业文明的制度体系，而是要在工业文明的制度体系基础上，不断创新，形成并完善生态文明的制度体系。

◇ 第一节　体制创新的动力

　　工业文明的制度体系对生态文明建设不可能完全适应，需要不断深化认识，将生态文明的元素纳入现有的制度体系，对现有体系加以改进和提升。2002 年，党的十六大第一次将生态文明建设明确上升到战略高度，生态文明建设的思想体系不断深化升华，并体现在与我国生态文明建设相关的法规和政策体系中，已经形成了一个较为完善的涉及节能减排、循环经济、生态保护、应对气候变化的法律、标准、政策和规划体系。生态文明建设已经体现到具体的实践行动中。2002 年 6 月，全国人大通过《清洁生产促进法》，2012 年 2 月颁布修正案；在 2005 年国务院《关于加快发展循环经济的若干意见》之后，2008 年全国人大通过了《循环经济法》。仅"十一五"期间，先后有 100 多部与国家和地方生态文明建设相关的法律法规、环境标准出台或实施。"十一五"以来，我国先后发布了《国家重点生态功能保护区规划纲要》《全国生态功能区划》等一系列生态保护的政策文件。

在"十一五"规划的 23 个指标中，纳入了 8 个资源环境约束指标，占总数的 35%；"十二五"规划的 28 个指标中，包含 12 个资源环境因子，占总数的 43%，其中 11 个为约束性指标。"十二五"时期，我国污染减排指标由化学需氧量、二氧化硫两项扩大到四项，增加氨氮、氮氧化物；减排领域由原来的工业与城镇，扩大到交通和农村。正是这样一套从法律、标准、规定到政策和规划的较为完整体系的初步建立，有力地推动和保障着生态文明建设的实践。

但是，我们也需要清醒认识制约科学发展的体制机制障碍。我国现行法制、体制和机制还不能完全适应生态文明建设的需要，存在较多的制约科学发展的体制机制障碍，使得发展中不平衡、不协调、不可持续的问题依然突出。在现行生态环境保护管理体制下，出于体制、政策以及基本制度等多个方面的复杂原因，生态环境保护管理效率和效益仍然偏低，难以遏止生态环境持续退化的趋势。主要表现在如下五个方面。

第一，责权分离。目前，地方多数环保机构的人员编制权、干部人事权、财政支持权由当地政府所掌握，"位子""帽子""票子"均由当地政府决定，环保机构工作人员在实施环境监管和环境执法时，难免要权衡并顾及地方政府的意见。虽然地方政府同时肩负发展经济和保护环境的责任，但经济增长指标是其主要考核指标，与地方政府经济利益和政绩评价直接相关，在经济目标和环境目标相冲突时，不少地方政府往往牺牲环境而以更大的激励力度优先保障经济目标实现。毕竟，环保部门加强环境监管，严格环境执法，势必增加地方企业环境成本，在提高地方政府招商引资质量的同时也降低其引资速度，在对排污企业尤其是地方产值和利税大户实施环境处罚甚至勒令其停产整顿时也影响当地经济总量增长和政府利税收入增加，间接触碰地方政府经济利益，不少地方政府便会出面干预环境执法，往往造成环保工作有法难依，执法不严，违法难究，许多污染排放企业该罚未罚，该停未停。可见，环保机构人权、财权属地管理体制是造成地方环境监管和环境执法独立性不足的制度性原因。

第二，协而不调。由于大气污染和江河水体污染跨越行政边界，环境行政属地管理体制很难协调处理跨区域的环境污染的预防、控制、治理、补偿和问责事宜。目前我国的区域环境协调大多属于"事后协调"，即在跨区域环境污染事故和纠纷发生之后的临时应急协调解决，而"事前协调"，即跨区域环境污染防控协调较少，相应机制严重缺失。同时，由于权责分离，环保部门由于授权有限难以有效协调其他部门，削弱了环保力度。跨区域污染问题，既有省际污染问题，也有省内市域之间的污染问题，这些跨区域污染问题的解决都有待在实践中探索建立行之有效的跨区域环境协调机制和运行模式。例如，长江下游水体污染是长江沿线各省份工业排污、农业污染、生活排污以及水上运输等有毒有害物质多地域、多源头排放所致，需要弄清楚各省份各排放主体该为此承担多大责任。京津冀、东北、江浙等区域的雾霾均是各地区工业、交通、生活大气污染排放所致，各省份各排放主体贡献各有多大、应由谁承担多大责任也需要厘清，才能问责。面对跨区域环境污染问题，行政区划环境管理体制失灵。在雾霾袭来时，多数地方政府采取公务车和机动车限行、工矿企业临时限产限排、建筑工地停工停建等治标不治本的应急措施，缺乏有效、快速的解决机制和治本之策。

此外，环境保护广泛性和系统性的特点决定了环保部门与其他诸多部门交叉职能较多，环境保护复杂性的特点又决定了环境保护需要其他部门的密切配合，其中包括与国家发改委、工业、国土资源、农业、林业、水利、交通、海洋、住建、科技、安全、外交、知识产权等部门的职能交叉。

第三，行政主导。目前，我国生态环境保护管理倚重行政手段较多，依靠市场手段较少。征收排污费是环保部门遏制污染排放、保护生态环境的重要行政管理手段。将排污费纳入财政预算，列入环境保护专项资金进行管理，主要用于重点污染源防治，区域性污染防治，污染防治新技术、新工艺的开发、示范和应用以及国务院规定的其他污染防治项目。在理论上，排污费的性质是排污企业为其生产而排放产生的环境外部性而支付的环境成本，所缴纳的排污费转化为财政收入，要求财政和环保部门将这部分财政收入有效地转化为环境效益以消除环境外部性。在现有制度安排下，排污费使用环节存在以下问题：一是财政预算编制和管理部门对环境污染防治、环境技术研发示范推广、环境项目建设等环保资金需求信息掌握不够充分；二是环境保护的资金使用部门对资金的调配使用难以根据实际情况进行及时准确具体的把控；三是当前的排污费收入远不足以满足环保防治修复发展资金的需求；四是排污费支出流向和结构信息不够公开透明，缺乏公众监督。这些问题的存在影响了排污费使用的环境效益。

第四，红线缺失。划定生态红线，就是要守住生态环境退化底线。然而，划定生态红线是一项复杂的系统工程，从口号提出到落地实施非常艰难，需要克服经济发展目标与环境保护目标协调、国家与地方利益协调、地区之间利益协调、部门之间权责利协调等难题，需要逐步建立利益协调和生态补偿机制。完善生态红线保护制度，涉及林地、森林、湿地、荒漠植被、物种、水利、海洋、永久基本农田用地等组合红线的划定，并在全国范围内深入调查研究，采取科学方法统筹经济环境制度诸多因素之后予以划定。

划定生态红线，除了在生态空间和资源存量方面划定下限外，还需要在有条件的地区逐步探索划定污染物排放上限。如果缺乏污染物排放总量上限，就有可能在个体微量排放合规合法合标的情况下因排污的企业数量不断增加而使区域环境质量不达标。例如，目前环保部门从上到下都将主要资源和精力用于监控重点污染排放单位和排放源，但对于合规合法合标的单个微量排放，缺乏有效对策加以防治，很多处于监管盲区。虽然单个合规合法合标排放数量较少，但由于其排放群体规模庞大，导致排放总量较大，其环境影响不容忽视。以北京为例，2002—2012年北京市排污费征收金额大幅下降，从2002年的1.92亿元下降到2012年的0.34亿元①，在一定程度上说明北京市辖区违规违法超标排放大幅下降。然而，近两年频繁出现雾霾以及中心城区难见星空的情况表明，污染在较大程度上是合规合法合标排放累积的结果。其中，数量庞大的机动车合规合法合标尾气排放贡献较多。除此以外，工业、建筑等领域也存在数量庞大的合规合法合标排放群体。这些合规合法合标排放大多处于环保监管执法盲区，由其累积造成的环境外部性也大多交由环境自净功能消除，当超过环境容量造成严重环境问题时政府再斥巨资解决。即便不断提高排放标准，合规合法合标排放总量规模依然巨大，不容忽视。如何防治和抑制合规合法合标排放，值得探讨。

第五，执法缺位。生态环境保护执法缺位有多个方面的表现，具体包括以下四个方面。(1) 农村生态环境保护执法严重缺位。目前，在乡镇一级，环保机构建制严重不足，在部分地区设立了环境保护联络员、环境监察分队或中队等多种形式的环保机构，但总体上在广大农村地区缺乏统一规范的基层环保机构，环保人员配备不足，环保专业素质高，监察能力不强，环保队伍不稳定，农村环保力量相当薄弱。近期以来，农村经济发展迅速，乡镇企业数量和规模较快增长，许多被发达地区和城市淘汰的产业和产能向农村地区转移，乡镇政府也加大了招商引资和土地资源开发力度，加之环保技术落后，环境监管薄弱，企业偷排、生态破坏等现象比较普遍，这些因素都给广大农村地区带来现实的环境威胁。农村生活污水排

---

① 《2000—2012年各地区排污费征收情况表》，中华人民共和国环境保护部网站，http://hjj.mep.gov.cn/pwsf/gzdt/ 201312/P020131203550138828737.pdf，最后访问日期：2014年5月23日。

放、生活垃圾堆放、农药化肥污染等环境问题在许多情况下尚未纳入统一有效的环境管理体系。现有的基层环保力量远不适应农村环境保护的需要。

（2）环保执法规范缺乏。普遍存在的问题是，在没有排污总量控制的情况下，许多地区排污企业按照规定缴纳排污费，环保机构消极监管，甚至希望排污企业多排以增加执法收入。不作为、乱作为现象是包括环保部门在内的各个职能部门的共性问题。不仅没有严格监管从源头防治污染保护当地环境，相反，甚至将环境执法权力视为要挟企业，向企业谋取个人利益的工具。这些都反映出环保系统内部教育、监督、纪检、问责等内在约束机制存在不足，有待健全。

（3）环境管理基础条件薄弱，影响执法。环境立法、环境设备、环境科研是支撑环境管理的基础条件。以土壤污染为例，土壤污染问题严重，形势严峻，是长期以来轻视土壤环境保护、土壤保护立法滞后的恶果。在环境监管执法过程中，取证困难是普遍存在的现象。例如，许多工矿企业利用夜间偷排废气、废水和固体废物，尤其是偷排废气，大风一吹烟消云散，没有先进监测设备取证困难，因而也很难依法处罚。另外，环境污染的"因""果"关系复杂，即要弄清楚造成环境污染的原因以及由环境污染造成的后果存在难度，需要加强环境基础科学研究。例如，京津冀地区雾霾成分构成、来源贡献比例等基础问题，尽管研究较多，也有一些较为权威的成果，但多限于状态分析，并没有追踪溯源，弄清楚其影响及影响程度，环境外部性的估算，难以作为精准的决策依据，用以制定高效率低成本的治本之策。同时，许多地区环境污染对周边群众健康造成严重影响，但推定污染与周边村民疾病之间的因果关系极为困难，受害个人更无法科学归因，环境责任追究和环境事故损害补偿便难以进行。克服这些障碍都需要环境基础科学研究的支持，也是加强环境保护管理的必要条件。然而，我国环境基础科学研究相对薄弱，投入也相对不足。在 2013 年环保部的支出预算中，科学技术支出预算为 152409.98 万元，其中基础研究支出预算为 600 万元，仅占 0.39%①。

（4）环境举报公开制度不健全影响执法。全国各地存在许多长期视而不见的污染，排污企业违法违规偷排现象时有发生，周边环境影响程度比较严重时才会引起环保部门和地方政府重视，暴露出环保监督举报制度体系不完善，环境污染举报渠道不畅通，投诉程序不便利，需要构建畅通、便利的公众监督举报投诉制度体系。同时，环境污染、环境容量、环境产业、环境技术、经费使用等基础数据库需要逐步建立和公开，便于公众知情和进行监督，这些对促进环境管理十分有益。

◇ 第二节　生态红线制度

所谓红线，一般是指各种用地的边界线。有时也把确定沿街建筑位置的一条建筑线谓之红线，即建筑红线（Boundary Line of Building）。它可与道路红线重合，也可退于道路红线之后，但绝不许超越道路红线，在建筑红线以外不允许建任何建筑物。由于红线的制度刚性，这一概念已经用以泛指强制性遵从的底线，例如耕地红线。生态红线，实际上就是生态安全线，为保护正常生态功能和生态服务所设立的具有法定强制性的管制边界。

尊重自然，最基本的就是要在对自然空间认知的基础上，为了维系自然生态功能而划定一部分国土空间的免于工业文明的利用和干扰，使之处于自然或相对自然的状态。应该说，主体功能区的划分、确定和落实，就是"红线"概念的直接应用。为了保障生态功能，有些自然空间单元必须禁止开发，例如具有生态屏障地位和提供重要生态服务的重要生态功能区、

---

① 《环境保护部部门预算 2013》，中华人民共和国环境保护部网站，http://www.mep.gov.cn/zwgk/czzj/，最后访问日期：2014 年 5 月 23 日。

生态环境敏感区、脆弱区。纳入的区域，禁止进行工业化和城镇化开发，从而有效保护我国珍稀、濒危并具代表性的动植物物种及生态系统，维护我国重要生态系统的主体功能。

生态安全的保障，仅有空间的红线是不够的。空气是流动的，水体是循环的，这些生态介质的安全保障，超出了地域空间范围，受到工业化城市化的直接或间接影响。而这些生态介质的安全是自然生态系统和社会经济尤其是人赖以生存的基本保障，工业化、城镇化的影响波及自然系统的方方面面，需要有一个生态介质的质量安全标准，保障人民群众呼吸上新鲜的空气、喝上干净的水、吃上放心的粮食、维护人类生存。因而，生态介质的红线，不是空间边界属性的，而是一种质量标准，涉及大气环境质量、水环境质量、土壤环境质量等，确保生态系统和人民群众的安全健康。生态介质作为生态系统的重要成分，具有一定的自我循环和净化能力。但是，工业化大规模生产造成的大量污染物的排放以及人口大规模聚集形成过分集中的污染物排放，超越了生态介质的净化能力，使得生态介质的质量水平恶化。生态介质的质量控制红线要求污染物排放总量必须低于自然净化额度，有效控制和削减污染物排放总量，而且需要管控自然生态系统的风险。也就是说，生态介质的质量红线，包括环境质量标准、污染物排放总量和环境风险管理内容。

生态系统具有自然生产功能，人类的生存和发展，依赖于生态系统的物质产出。对于自然生态系统的物质收获和利用如果大于其产出，自然生产力就会退化。因而，生态系统的自然生产力水平也构成生态安全红线，即生态物耗红线。人类社会经济活动对于生态系统自然产出的利用总量，必须要低于自然生产力水平。我们可以通过技术经济手段，促进资源能源节约，保障能源、水、土地等资源高效利用，但是，自然资源产出水平，是我们可利用的最高限值。水耗红线的基础是水循环与地质、地形、地貌交互作用下所产生的水资源量。土地资源利用红线是优化国土空间开发格局、促进土地资源有序利用与保护的用地配置要求，使耕地、森林、草地、湿地等自然资源得到有效保护。能源利用红线是特定经济社会发展目标下的能源利用水平，包括能源消耗总量、能源结构和单位国内生产总值能耗等。

生态红线的实施在人类聚集地，尤其是城市，具有特殊和典型意义。这是因为，在有限的空间范围内聚集着高密度的人口数量、高强度的经济活动、高额度的能源物资消耗、高负荷的资源环境承载，以及高水平的信息物质流量。由于生态红线意识薄弱，忽视生态承载能力的刚性约束，导致特大城市不断攀"高"、盲目攀"高"，使得城市人居环境恶化，城市大气雾霾笼罩、居民疲于奔波；收入在提高，损失却在加剧。随蓝天碧水消失的，是我们的生活品质，是我们的未来。

生态红线具有刚性约束。一般认为，城市具有规模效益，可以在广阔的腹地获取资源，技术可以不断舒缓环境约束。因而，城市边界可以不断拓展，城市规模可以不断扩大，生态红线并不必然形成刚性约束。然而，特大城市的"病患"加剧，表明生态红线的刚性是存在的，而且在不断收紧。城市具有规模经济，也有规模不经济。城市空间的扩大，必然导致交通的不经济。城市水资源短缺，一是可以调水，一是提高水资源利用效率。但是，调水在相当程度上，是一种水资源量的空间转移使用，并没有使作为刚性约束的水资源量增加。技术创新可以提高水资源利用效率，但是要看到，技术创新需要时间，涉及成本；如果技术创新提高效率的速率低于生产和消费对水资源的需求增长速率，城市的扩张必然不断逼近乃至于突破环境红线；同时，技术具有两面性，除提高利用效率的一面外，还有加速水资源枯竭的一面。例如干旱地区的打井技术水平越高，地下水的枯竭速度就越快。更重要的是，在一定的时空条件下，技术并非是无止境的。人、动物、植物对水的生物学需求，显然是刚性的。因而，在一定的技术经济和时空条件下，生态红线必然是刚性的，是大城市的边界约束所在，是城市社会治理的基础和目标所在。

科学认知和核定生态红线。十八届三中全会决定中明确要求划定生态红线。如何科学核定生态红线？首先是总量即绝对量的红线。我们说，调整产业结构可以在给定的环境容量水平下提高产出，但是，调整产业结构并没有提升环境容量的绝对数值。不论是水资源还是大气资源，其自然水平的环境容量是一定的。因而，自然本底的环境容量，是一个科学核定的问题。例如，一个地区的水资源总量，是在考虑输入和输出情况下的地下水和地表水的总和。大气可以吸纳的污染物水平，也是一定的。不然，雾霾就不会出现。其次是空间红线。对于自然保护区、水源保护区、城市绿地，有着明确的空间范围，使环境保护的红线划定相对明确。最后是速率红线，表现为单位产出或单位面积、人均的资源消耗量或污染物排放量。例如单位 GDP 能耗、二氧化碳排放量、人均生活垃圾产生量。速率红线不同于总量和空间红线，它是变化的，可调节的，受制于总量约束和技术水平。划定城市的拓展边界，需要在环境本底容量红线范围内，核定空间红线，调节速率红线，确保城市的可持续和宜居性。

树立全社会的红线意识。人类聚集地的生态红线在城镇化和工业化进程中被突破，原因在于城市社会的逐利导向和红线意识的缺乏。强势的政府在产业选择和资源利用中，寻求和考核的是财富积累、经济增长和财政收入，环境负债没有纳入政府核算和考评。企业在生产实践中，环境责任意识经常让位于生产利润压力或诱惑。企业生产自备井超采地下水，或者为了节省成本而不进行节水技术和设备投入，考虑的是短期和眼前利益，忽略总量和速率的红线约束。就消费者来说，一方面是环境红线被突破的受害者，另一方面也是突破环境红线的助推者。土地资源紧张，许多消费者将房产视为投资品，大量囤积，不仅抬高房价，实际上也是对有限资源的一种浪费；交通拥堵、空气污染、温室气体排放，每一个小汽车的使用者皆有一份责任。对于政府、企业、消费者，似乎环境红线只是针对其他人的，自己是受害者，需要其他人采取行动。如果全社会缺乏自觉的红线意识，就不可能保住生态底线。

严守生态底线。要确保环境底线，首先需要明确的立法和严格的执法。地下水被超采、绿地被蚕食、污染物排放无节制，关键是没有确立生态红线的法律地位。法律是刚性的，突破环境红线就是违法，就要受到惩处。北京水资源红线不断被突破，水资源赤字不断攀升，政府考虑的不是立法限制水资源的保护和利用，而是期望通过调水来解决。在雾霾不断加重的情况下，寻求的是通过政策手段，而不是法律手段来控制。其次，必须在城市规划方面，考虑城市形态和产业结构。特大城市的空间和产业规划，在很大程度上是从管理和经济角度来考虑的，对环境容量红线要求考虑不足。例如城市功能分区，高教园区、工业园区、文化园区、医疗卫生园区、居民住宅区、商务区，边界清晰，互不重叠。管理上似乎方便，但造成职住分离、功能的空间隔离。不仅如此，特大城市还利用行政权力的优势地位，垄断各种优质资源，使得城市边界不断扩展。特大城市的规划，需要职住混合、功能重叠，需要有所放弃。如果特大城市利用权力集中的优势什么都搞，不加以放弃，城市人口和规模的控制只能是空话。最后，需要采取强有力的经济手段，调节消费需求，确保生态安全红线。特大城市房产价格高企。如果从量从价计征房产税，房地产资源闲置的情况就会得到有效改变。阶梯水价、阶梯电价、阶梯油价，可有效遏制资源浪费和污染排放。实际上，环境意识的形成和强化，需要法制和政策手段的有效实施。尊重自然，敬畏生态红线，人类聚居地的环境治理，就可以落到实处。

◇ 第三节　生态补偿机制

在工业文明的制度构架下，对于有市场供求关系的自然资源，市场价格在一定程度上是对自然资源的有偿使用，但在多数情况下，这种市场价格体现只是反映了劳动的价值，没有反映资源的稀缺程度和再生/替代的成本。资源有偿使用，就是要求人类的生活和生产活动应以促进自然资源的永续利用和生态功能的正常运行为前提，对所享受的生态服务和消费的自然资源根据其价值和稀缺程度付出相应的代价或费用。

一 自然增值的生态资产

我们所说的生态补偿，涉及对自然资源和生态资产所有者的产权使用费或特许使用费和对提供生态服务的生态系统维护费。因而，生态补偿，实际上是对生态资产所有者的一种补偿，包括资产收益的分享、机会成本的损失。从原则上讲，生态资产的所有者需要遵循自然资源保护的法律法规，没有自然资源的破坏权力，不应该对其不破坏生态给予补偿；另一方面，生态资产所有者如果破坏生态服务功能，其自身的可持续发展也受到威胁。但在社会主义制度下，政府不允许私人对土地等生态资产拥有产权，只是认可其使用权；而且，社会主义寻求共同富裕，对于生态脆弱和提供生态服务功能的生态资产用益权者，也需要保障其发展权益。因而，生态补偿，实质上是对生态资产使用权者机会成本的市场补偿，以保障生态资产的生态服务功能的发挥。在社会主义的自然资源所有权的法律构架下，生态补偿的制度创新，需要构建对重点生态功能区的转移支付、地区间的收益付费和市场服务的生态补偿制度体系。

对具有重要生态功能的自然保护区、水源涵养区、湿地水系、森林生态系统，其生态功能的服务对象和范围显然不是局地的。但所涉及区域内的居民，世世代代依赖生态系统的产出功能为生。为了保护和发挥这些地区的生态服务功能，当地的居民需要放弃工业化城镇化发展的污染、破坏但却能带来哪怕是短期经济高回报的发展机会。实际上，国家为了保护生态环境，限制重点生态功能区的开发利用，这种限制保障了生态屏障，维系了生态服务，但也限制了生态资源这一生产要素在市场上的自由流转，从而决定了生态功能区产业的利润率一般要低于东部及发达地区产业。因而，生态功能区的收益偏低缘于其为国家生态环境安全作出了贡献。从这一意义上讲，中央对相对贫困的生态功能区的转移支付，不单纯是"扶贫"，更不是"恩赐"，而是对生态服务的支付。这种转移支付就是生态补偿。

政府是生态保护的责任主体，但并不意味着政府是付费主体。根据生态补偿原则："谁开发谁保护，谁破坏谁恢复，谁受益谁补偿，谁污染谁付费。"因此，谁来付费这个问题，其实是利益相关者之间的责任问题。"生态补偿"的本质内涵是，生态服务功能受益者对生态服务功能提供者付费的行为。因此，付费的主体可以是政府，也可以是个体、企业或者区域。这需要我们建立健全相关制度法规，明确责、权、利及其相互关系，促进生态补偿的市场化和全民参与。受生态屏障保护而获得生态服务的发达地区，要从体制、政策上开展地区间的横向生态补偿。例如流域水系的自然关联，如果上游输出的地表水、地下水没有受到污染，下游对上游也存在一种道义上乃至于实质上的生态补偿义务。一些生态服务功能可以通过旅游、生态功能产品如天然泉水、山野食品等方式，以市场方式得到补偿。比如，通过对这些区域生态农业、生态林业、生态旅游、可再生能源开发等特色优势产业的扶持，探索运用银行信贷、财政贴息、投资补贴、税费减免等一系列优惠政策，促进不超过当地环境资源承载能力的特色产业不断发展壮大，为地方政府的税收和居民就业做出新的贡献。

确立多样化的补偿方式，探索资金补偿、实物补偿、政策补偿、智力补偿等多元化的补偿方式，在资金转移支付的基础上，开展生态受益地区对生态保护地区的对口协作、定向硬件和软件基础设施支援建设、产业转移和产业链延伸型补偿、异地开发、共建园区等多种补偿方式，建立跨省区域（流域）生态补偿长效机制。将生态补偿财政主导与碳汇、排污权交易、水权交易、押金退款制度、生态标识等市场方式相结合，将资金支持与人才培养、就业培训、技术援助和产业扶持相结合，形成生态补偿的最大合力。

生态功能的维系和发挥，即使是环境脆弱的生态功能区，也有着自然恢复和增值的能力。减少乃至于全部转移出所涉及功能区的生产性人口，是最为有效的生态补偿。改革开放以来东部地区的工业化吸引力大量来自生态功能区的劳动力，但是，由于中国的户籍体制和地方利益保护，这部分来自生态脆弱地区的农业转移人口，难以就地市民化。例如地处西南的贵州省，有800万户籍人口在东部地区就业工作，尽管不是出于减少生态破坏的动机，但是客观上减轻了贵州的生态压力。如果这一部分不能够融入东部而最终返回户籍地，贵州的生态环境靠货币补偿不可能得到根本改善。农业转移人口的异地优先就地入籍，实际上是一种具有根本性的生态补偿途径。贵州提供了生态服务，输出了生态资产，例如清洁的空气和干净的水，储存了碳汇，增加了生物多样性，吸纳贵州农民工的东部地区享受了这些生态产品，作为地区间生态和经济合作，作为跨省、跨流域的定向生态补偿方式，沿海省份不仅有义务，而且有责任优先解决贵州籍外出务工人员在这些区域的落户问题，避免这800万具有生态移民性质的经济移民返回生态脆弱地区，不仅避免了生态的破坏，而且还消除了扶贫款项的支付。

西部生态脆弱地区的工业化城镇化水平较低，也与这些地区用以开发的空间有限相关。例如云贵川、湘鄂西地区，山高坡陡。工业开发竞争力弱，城市开发土地条件受限。如果规划开展经济发展性质的生态移民，建立飞地工业园，异地工业和城市开发，在实际效果上，比自发的农业转移人口就地市民化更好。为补偿因保护环境而失去的发展机会，努力争取在下游流域工业产业集聚区建立"飞地工业园"，迁移企业和移民异地开发，共享园区税收和发展红利。同时，在迁出产业和人口的水源地或重点生态功能区发展生态修复型的第三产业、旅游业、绿色农业、山地特色产业等，打造新的生态经济高地，变"单向输血"为"双重造血"，真正把建立生态补偿制度与扶持重要生态功能区发展有机结合，实现保护生态功能区环境、集聚产业、促进节能减排、推进经济结构绿色转型的多方共赢。

产业升级投资补贴，延伸生态产业链，也是一种有效的生态补偿方式。生态脆弱地区多有国家地质公园、森林公园、风景旅游区，有着生态服务的市场价值。促进产业转型、升级，这些地区缺乏资金、技术、硬件和软件基础设施。对这些地区提供产业升级转型的投资补贴，建设道路、宾馆等基础设施，以及学校、医院、文化设施等社会性基础设施，使生态补偿转换成为保护和发展的动力。区域生态补偿利益相关方，通过签订定向采购合同、合作建厂等方式，承接产业链的补充和延长。贵州毕节作为仁怀县的上游地区，为保持下游流域水质达到茅台酒厂酿造的标准，需要放弃破坏水源的发展机会。茅台酒厂除资金补偿以外，可以考虑通过签订定向采购协议，引导上游地区承接酿酒的产业链，种植高粱作为酿酒原料、制作酒箱包装等，形成生态共同体。

市场手段也是一种有效的生态补偿途径。生活污水处理每吨水成本超过1元人民币，日处理3万吨的污水处理厂，一年运行费用超过1亿元人民币。如果利用湿地的生态净化功能，不仅节省了大量污水处理费用，而且大量绿色植物的生产，具有碳汇和能源替代功能。对碳排放超标的企业，可以购买碳汇，或投资植树造林，实施生态补偿。

二　不可再生资源

不可再生资源利用虽然不是一个可持续问题，但也存在生态补偿，包括三个方面：地表生态系统的恢复重建、替代资源的研发利用，以及资源所有者权益的价值。我国法律规定，地下矿产所有权属于国家，因而，所有者权益可以通过国家强制手段实现。但是，地下矿产的开采必然要涉及土地资源的开发利用，涉及土地使用者权益的补偿。由于我国对矿产资源开发的国家主导，忽略了相应的生态补偿，遗留了大量的生态债务，尤其以资源枯竭型城市最为突出。资源枯竭造成的生态环境危机和经济结构单一，导致资源枯竭型城市的社会经济转型和生态修复障碍重重。显然，不可再生资源的开发利用，需要建立不可再生资源开发的长效补偿机制。

资源开发为国家做出了巨大贡献，但所在城市的社会和生态欠账较多。随着资源储量的衰减，开采成本的上升，资源开采的边际收益不断下降，产业结构单一的资源型城市面临着资源濒临枯竭，失去发展动力，生态破坏严重，缺乏修复能力，经济发展速度减缓，社会不稳定等重重困境。以宁夏石嘴山为例。长期的煤炭开采加工，产生大量固体废弃物、有害气体排放、采空区地表塌陷、水系破坏及水体污染、植被破坏及物种灭绝、土地资源无效占压及水土流失七大类对环境造成严重损害的问题，在资源开发时期没有得到同步关注和解决，不断积累，导致造成资源枯竭型城市的生态危机。在经济社会层面，这些资源型城市在建设过程中的产业结构单一，城市空间布局不合理，社会保障体系不完善，导致资源型城市进入衰退期后缺乏产业支撑，就业岗位流失，造成发展动力缺失、社会矛盾突出。在资源型城市的形成和成长期，这些问题往往被快速增长的经济和城镇化水平所掩盖，而当其进入衰退期后，这些隐藏的问题爆发式显现，严重影响着资源型城市的社会稳定、经济发展和生态安全。

在相当程度资源开发的"区位优势"实际上是当地生态与社会成本，造成资源开发的成本留驻、收益转移。宁夏煤炭富集区人口稀少，地面空间占用补偿低。在这种"区位优势"认知下，将生态破坏和社会发展的成本转化成为收益，成为投资方的利润和国家税收，而成本在资源型城市所在地不断累积放大，从而形成并加剧资源枯竭型城市的社会和生态危机。宁夏外输的煤电，标杆电价远低于输入地区，人们的理解，是"区位优势"。以宁东直流输送山东的火电为例：燃煤电价为每千瓦时 0.3213 元，而宁夏本地区的脱硫脱硝燃煤标杆电价仅为每千瓦时 0.2841 元；输电终端山东的落地电价为每千瓦时 0.4356 元，山东本地的脱硫脱硝燃煤电价则为每千瓦时 0.4432 元。国网宁夏电力通过宁东至山东 ±660 千伏直流输电工程，输电量占山东全省 9% 的用电量，2011 年投产到 2014 年 6 月底，已累计向山东送电 1002.38 亿度电，为山东减少二氧化碳排放 7870 万吨、二氧化硫 22 万吨、氮氧化合物 19.3 万吨。这一地区间的"比较优势"所形成的利益，考虑输变电成本，每度电按 0.1 元计，3 年时间超过 100 亿，成为发电企业、电网和山东终端用户的利润。污染物留在了宁夏，资源枯竭以后的经济社会转型和生态修复，责任在宁夏。显然，这种转移收益的相当比例，是资源枯竭型地区社会经济转型和生态维系的成本，需要留驻在当地。

以财政转移支付为主的补偿为"事后还旧账"，补偿主体错位。2001 年国家"十五"规划纲要中，首次明确提出促进资源枯竭型城市发展接续产业和替代产业。为促进资源枯竭型城市转型，中央通过财政转移支付拨付大量资金用于产业转型、生态环境修复和基础设施建设。2013 年，中央对地方资源枯竭城市转移支付的总规模达到 168 亿元，比上年度增长 5%。对资源枯竭型城市的这种财政转移支付究其根是"还旧账"，即在生态与社会损害已经发生之后，采取事后补救的措施弥补欠账。作为 2007 年开始的第一批资源枯竭型城市，石嘴山市历年来共获得中央财政转移支付 20 多亿元，即平均每年 3 个多亿的补贴。这部分资金大部分用于石嘴山市城市棚户区、煤渣山的改造，采空区、沉陷区治理及矿区搬迁项目以及开发区的基础设施建设。仅搬迁项目一项，历年来共花费约 6 亿。由此可见大部分的转型补贴资金用于"还旧账"，对当地产业结构转型、接续产业发展力有未逮。

这种纵向的财政转移支付的补偿方式，补偿主体是国家，而对资源型城市造成大量环境损害的资源企业以及由于资源开采获得大量收益的资源输入地区，并未承担相应的补偿责任，从而也就不能真正实现"谁开发、谁保护，谁收益、谁补偿，谁污染、谁治理"的基本原则。生态破坏在产生之后的治理成本巨大，许多环境损失是不可逆的。因此对资源枯竭型城市的事后补偿治标不治本。

现有生态补偿体制缺乏长效机制。针对资源开发的生态补偿机制建设，各级政府部门都做了相应的尝试。以煤炭资源为例，各煤炭开采省份主要施行的是征收煤炭可持续发展基金，以及按照《矿产资源法》建立矿山环境恢复保证金制度。这两项基金的提取与使用各有不同，但是可以发现，这两项基金的征收、使用和管理方面都存在着不足。首先，由于缺乏相应的法规保障，这两项基金在征收管理过程中往往受到重重阻碍，需要投入大量的人力物力进行监管控制。除山西省的煤炭可持续发展基金由国家发改委批准，其他省份的各类基金均为省政府或各市、县自行制定方法并批准。征收标准的多变和相应的体制保障的缺乏使得这些基金的征收存在着较大的不稳定性，缺乏长效机制。其次，煤炭基金的征收在一定程度上增加了地方政府的财政收入，但是对其使用方向和使用地方缺乏有效的监管措施。其三，就矿山环境恢复治理保证金而言，该部分资金局限于企业所在矿区的生态修复和环境治理，对于矿产资源开发造成的超越矿区边界的生态破坏和跨区域环境污染无能为力。

将资源利用的"比较利益"作为资源型城市社会转型和生态破坏的成本，同步补偿，形成长效机制。当前针对资源开发的事后补偿模式是在资源枯竭期已经到来，生态环境损害已经造成，社会危机已经发生的前提下的被动转型。从近年来资源枯竭型城市转型实践可以看到，这样事后补偿的方式付出的成本巨大，而获得成果往往不尽如人意。对于尚未进入衰退期的资源型城市例如宁东能源化工基地，在其开发与建设过程中，需要将"区位优势"形成的"比较利益"中的部分收益，同步、长效用于生态补偿和社会补偿，用以产业多元化、生态治理、社会民生保障，使单一的资源型城市向一般综合型城市转型。

这样，补偿主体不是中央政府，而是资源利用的直接受益方。补偿是同步的，不会欠旧账。补偿是长效的，不会间断。当然，补偿收益不应该用光花光，而应该规划谋划，着眼于未来。明确界定资源产权，确保资源开发的相当部分收益用于生态和社会补偿。《矿产资源法》规定，矿产资源属于国家所有，由国务院行使国家对矿产资源的所有权。然而在实践过程中，资源的国家所有权实际上转换成为开采利用企业所有。资源的所有权、使用权和经营权混淆导致了资源开发中的利益主体与补偿的责任主体严重背离。认可补偿，实际上就是对矿产地的居民和生态的权益的认可。将这种认可的权益作为资源产权的一部分加以明确，并建立健全相应的法律法规和政策体系是明确资源开采补偿机制责任主体的关键，也是建设长效稳定的补偿机制的根本要求。

◇ 第四节　生态治理

中国的现行环境和生态保护管理体制，是工业文明下分部门精细化的自上而下的管制行政，中央和各级政府设置相应的职能部门，通过政策、指令、标准等手段实施。尽管我国由于人口压力大、耕地资源短缺，生态破坏严重，但没有单独成立生态保护机构。随着环境保护与经济增长矛盾的不断突出，我国环境保护管理专门机构的设置得到不断加强和升级。1972年，中国政府派代表团出席联合国人居环境会议，随后于1973年在国家建委下设立环境保护办公室。15年后从国家建设部分离成立国家环境保护局，成为国务院直属机构；25年后国家环境保护局升格为国家环保总局，到2008年历经35年最终成为国务院组成部门——环境保护部。其内设部门包括政策法规、科技标准、污染物排放总量控制、环境影响评价、环境监测、污染防治、自然生态保护、核安全管理、环境监察等司局，也是一种自上而下的管理导向。同时，传统的宏观管理部门和自然资源利用管理部门，例如国家发改委内设资源环境司、应对气候变化司，水利部、农业部、工信部、国家林业局、国家能源局、国家海洋局、中国气象局等，也都分别增设或不同程度地强化了资源、环境、生态等相关机构和职能。地方省、地（市、州、盟）、县（区、旗），均设立环境保护厅（局）。各省、直辖市内的市（区、县）相应设立环保局。从行政领导体制看，在业务指导方面，实行环保部—环保厅—环保局的垂直管理模式；在人事、财务权限方面，实行各级地方政府对环保厅（局）的属地管理模式，即环保厅（局）的人员编制、职务任免、经费拨付由各级地方政府负责。

从管理法规、制度、手段、方法、机制等方面看，全国人大、环境保护的专门机构和相关部门制定、修改并完善了一系列法律、法规和政策体系，包括以《环境保护法》《水（大气、噪声、固体废物）污染防治法》《节约能源法》《清洁生产促进法》《排污费征收使用管理条例》《水污染物排放许可证管理暂行办法》《污水处理设施环境保护监督管理办法》《排放污染物申报登记管理规定》等法律法规以及各类污染物排放标准为主体的环境保护法律体系；依照法律法规规定建立了相应行政许可、排污许可证、排污费征收、环境影响评价、环境监察以及"三同时""限期治理""排污申报登记""污染物总量控制""城市环境综合整治定量考核"等环境管理制度，推行使用环境监测、环境遥感、污染物排放总量控制、重点流域（行业、排放企业）监控、污染防治、环境执法等管理手段；将环境和生态保护重点目标纳入国民经济和社会发展五年规划的约束性手段；针对特定严重环境问题采用专项污染治理行动等环境治理方法，部分地区制定排污权交易基准价格引入排污权交易机制；做好环境公报、环境信息公开、宣传教育、国际合作、受理举报投诉等日常环境管理工作。上述这些要素形成了目前我国生态环境保护管理体制的基本架构。

从总体上看，我国生态环境保护管理体制构建上，形成了比较完备的工业文明模式的机构体系和法律法规体系，生态环境保护目标也已成为国民经济和社会发展五年规划的约束性指标，成为政府官员政绩考核的重要内容。然而，这一体系架构并不能适应生态治理的需要：

首先，生态环境保护相关机构设置和职能划分比较分散。除了环境保护专业机构外，在综合管理部门、其他职能部门均相应内设生态环境相关机构，机构重叠，职责交叉。污染控制、生态保育、气候变化、水环境保护、交通环境保护、农业农村环境保护、林业和野生动植物等生态环境保护、海洋环境保护、气象环境等生态环保相关职能分散在不同部门领域。

其次，生态环境保护法规、政策、机构处于相对弱势的地位。一是相对于经济增长，生态环境保护处于弱势地位。各个地方、各级政府都优先确保完成经济技术指标，然后才是力争完成生态环境保护相关指标。二是相对于其他职能部门，生态环境保护机构处于弱势地位。由于经济增长目标优于环境保护目标，所以在各级地方政府组成机构中，环保机构与那些经济增长促进职能部门和经济资源掌控部门相比，权力和地位都处于弱势地位，与这些部门工作协调难度较大。三是相对于政府权威，环境保护相关法律法规处于弱势地位。例如，有些地方政府为加快本地区经济发展，对于部分尚未通过环境影响评价的大型项目，便仓促上马施工，完全无视生态环境保护相关法律法规，造成生态环境破坏和经济资源浪费。

最后，生态环境保护管理总体上相对宽松。一是环境标准执行相对宽松。在整体上，我国环境标准比欧美国家宽松，削弱了环境标准的约束和规范作用。加之市场竞争压力、环境治理成本、环境执法成本等多种因素，导致环境标准体系在执行过程中常常被打折扣，环境标准限制收紧，阻力和压力较大。二是环境监管难以到位。基层环保部门人力、物力、财力有限，而污染排放单位、排放源、排放污染物种类众多，环境监测监管空间广阔，重点监管已力不从心，全面监管则更难以到位。三是环境执法不严。在环境保护管理工作中，部分地方环保机构没有严格环境执法，存在放任企业排污的现象，借以增加排污费和罚没款收入；也存在受制于地方政府，难以对某些经济增长和利税贡献较大的排污企业进行严格环境执法等问题。

生态文明的制度创新，最根本的，在于权力机制的变化。工业文明的效率源于自上而下的一元化、权威，生态文明，意味着治理构架的转变，即从威权的统治、管制或管理转向权益方的参与式治理。根据联合国全球治理委员会的界定①，治理是或公或私的个人和机构经营管理相同事务的诸多方式的总和。它是使相互冲突或不同的利益得以调和并且采取联合行动的持续的过程。它包括有权迫使人们服从的正式机构和规章制度，以及种种非正式安排。而凡此种种均由人民和机构或者同意，或者认为符合他们的利益而授予其权力②。与统治、管制不同，治理指的是一种由共同的目标支持的活动，这些管理活动的主体未必是政府，也不一定非得依靠国家的强制力量来实现。因而，治理与管制有着根本区别。管制的权威主要来自政府，而治理虽然需要权威，但这个权威并不为政府所垄断。治理是国家机器与公民社会的合作、政府与非政府组织的合作、公共机构与私人机构的合作、强制与自愿的合作。政府的权力管制的运作方向是自上而下的，通过政策制定、指令发布、标准规范的手段，对社会事务实行单一维度的管理。而治理则是一个多方参与互动的过程，政府机构、非政府组织以及各种私人部门主要通过合作、协商、伙伴关系，通过共同目标处理公共事务，对社会事务的处置权力是多元的，包括自下而上和自上而下多种方式。社会力量在治理中的作用日益增强，也可以通过各种有效途径，自下而上地对公权力施加影响。

---

① UN Commission on Global Governance, Our Global Neigbourhood, Oxford University Press, 1992.

② 俞可平：《治理与善治》，社会科学文献出版社 2000 年版，第 270—271 页。

第五节　生态法制保障

我国从半殖民地半封建社会、新民主主义社会进入社会主义社会的初级阶段，中华传统文明受到西方工业文明的冲击和影响。改造自然、技术创新、市场竞争、经济全球化等工业文明的价值元素和相应的体制机制助推中国的工业化、城镇化进程。中国经济已经得到长足发展，环境挑战也日益严峻。

尽管生态环境相关法律法规已经较多，但生态文明建设相关法规存在"碎片化"甚至相互抵消的情况。例如，固体废弃物资源化利用的相关规定在清洁生产促进法、循环经济法、环境保护法等法规中均有涉及；污染控制和节约能源的法规相对独立，使得为了控制污染而忽略节约能源，为了节约能源而弱化环境保护。许多污水处理厂和脱硫设施建好闲置而不运行，除了考虑经济利益，法规的不同指向，也是一个重要原因。

生态文明建设相关法规修订滞后，难以满足不断深化的生态文明建设需要。例如大气颗粒物 PM2.5，在社会舆论的强烈推动下，2011 年才被纳入监测体系，控制目标和措施严重滞后。又如森林的碳汇功能，在现行森林法中，没有得到相应体现和落实。生态文明建设相关法规作为"宏观调控的工具"，而不是刚性约束的绝对规则，在执行中可塑性太强，自由裁量空间太大，造成法规执行随意性强，"按需落实"、"据人执行"，对违法企业的处罚力度、执法力度不足，甚至执法违法，降低了法规的权威性和实际执法的效果。

生态文明建设的相关法规条文，原则性强，操作性弱。相关条文，需要经过细则、条例、政策来细化，落实。而这些细则和政策多具有临时性，忽略长远性，造成政策多变，政策不连续，投资商和生产企业无所适从，难以从长计议。例如 2005 年颁布的《可再生能源法》，全文不足 4000 字，基本不含操作层面的细节。而美国参议院 2009 年准备的《美国电力法》，对二氧化碳的交易，明确规定最低限价 12 美元（通货膨胀每年增长 3%），最高限价 25 美元（通货膨胀每年增长 5%），十分具体。

在管理体制方面，各部门间和中央与地方间环境管理体制条块分割。例如，"九龙治水"，争利益，避风险，怕担责。尽管对于涉及生态文明建设的许多重大问题有互动和协调机制，但往往在执行过程中，由于管理体制上存在权益的多元化和多样化，在部门间和中央与地方间的"权利"博弈中，忽略了生态文明建设的具体要求。在管理机制方面，绿色发展、循环发展、低碳发展作为生态文明建设的途径，尽管有相应的规划和指标，但是，目标责任制考核机制、监督机制、奖惩机制和公众参与机制尚未全面建立。

在代内和代际补偿机制方面，生态补偿机制作为生态文明建设的重要激励机制，缺乏明确的法律定位、法理依据和市场机理。就代内补偿而言，流域上游对生态环境的保护，在法律上是一种义务，而不应该作为获取补偿的条件。为获取补偿而去破坏，有违生态文明建设的初衷。而且补偿不是一个严格的"市场供求"关系，不具备价格弹性，而是基于市场评估的有法律约束意义的利益裁定。如果是"生态服务购买"，则是一种具有价格弹性的市场合约。由于生态服务的公共物品属性，"政府购买"（中央政府或地方政府转移支付）或集体购买［河流下游政府、团体或企业（例如供水企业代表用户群体）］，具有生态补偿和生态服务购买的双重属性。由于子孙后代在当代决策中没有发言权，代际补偿实际上是当代人的一种道义上的自我约束和承诺，也需要法律规定和市场机制付诸实施。

在资源节约、环境保护、生态建设的各种法规中，分别涉及了能源安全、水安全、粮食安全、环境安全、生态安全的内容，但多从各自相对狭义的领域界定和规范，忽略了能源、水、粮食、环境和生态之间的相互关联和依存。例如有关森林、生物多样性和湿地的法规中涉及的生态安全，对能源、粮食、污染控制等存在内在关联的核心内容，涉及有限甚至完全忽略，只是狭义的生态安全；而生态文明建设所要求的生态安全，是广义的，涵盖能源、水资源、耕地保护、污染控制等诸多方面，只有这样，才能将生态文明融入经济、政治、文化和社会建设的各个方面和全过程。十八大要求加强生态文明制度建设。要突破制约生态文明建设的体制机制障碍，必须要在现有基础上，认清紧迫性，深化、改进、拓展，保障生态文明体制机制建设推进与发展。

第一，需要制定引领性的综合的生态文明促进法规。习近平在十八届中央政治局第一次政治学习时指出，"随着我国经济社会发展不断深入，生态文明建设地位和作用日益凸显。党的十八大把生态文明建设纳入中国特色社会主义事业总体布局，使生态文明建设的地位更加更加明确"。目前，我国生态文明建设相关法律法规条块分割明显，缺乏操作性，内容不能适应生态文明建设的需要。迫切需要一部统领性的法规，来落实节约资源和保护环境的基本国策，贯彻节约优先、保护优先、自然恢复为主的方针，保障绿色发展、循环发展、低碳发展。

第二，组建国家生态文明建设领导小组和顾问委员会。领导小组成员涉及经济、政治、文化、社会和生态文明建设的方方面面，秘书处设在没有部门利益或利益中性的机构，以保障生态文明建设融入各方面和全过程。顾问委员会主要由生态文明建设相关领域的专家学者组成，为生态文明建设提供决策咨询和科学支撑。

第三，编撰生态文明建设行为导则，引领和规范生态文明建设实践。生态文明具有普适意义、普世价值。中国作为国际社会一分子和世界经济的有生力量，中国建成小康社会，必然要利用两种资源、两种市场。中国企业走出去，需要在全世界范围内执行生态文明建设规则，引领当地可持续发展，为全球生态安全做出贡献；外国企业进入中国，必须要遵守生态文明建设规定，保障企业所在地的平衡、协调与可持续，成为建设美丽中国的一分子。

第四，深化推进"绿色"经济政策。"绿色"经济政策在生态文明建设实践中具有促进技术创新、增强市场竞争力、降低治理与行政监控成本等优点。"绿色"经济政策，必须是明确的、可预见的、延续的、具有操作性的，为生态文明建设提供持续动力。加快生态文明建设政策体系框架；完善生态文明建设公共财政制度；探索建立独立的促进生态文明建设的税费制度；建立国家、行业和地区的资源权和排污权交易；促进资本市场的绿色化进程。

第五，建立健全生态补偿机制。明确法理、法律依据，使代内、代际的生态公平通过实施生态补偿机制走上法制化轨道。多方筹措生态补偿资金，可以通过政府财政转移支付、生态受益者付费、生态使用者付费、生态税、社会捐赠等方式筹集。生态补偿涉及复杂的利益关系调整，需要探索建立生态补偿标准体系，以及生态补偿的资金来源、补偿渠道、补偿方式和保障体系。

第六，建立生态文明建设考核评价体系，推进绿色问责制和生态文明生活方式。建立体现生态文明要求的目标体系、考核办法和奖惩机制。加强环境监管，健全生态环境保护责任追究制度和环境损害赔偿制度。通过多种渠道，提升居民节约、环保、生态、低碳、绿色意识，形成生态文明生活方式。营造低碳生活环境，引导健康生活方式；通过减免税费、提供财政补贴等措施引导消费者节能减排，实现低碳生活；建立健全促进低碳消费的制度体系；营造低碳社会氛围，引导公众做到适度消费、低碳消费；开展示范试点，建设一批绿色低碳的学校、社区、企业、城市。

第 十 章

展望生态文明新时代

迈向生态文明的绿色转型是一个过程。从农耕文明向工业文明的转型，在不断创新的技术、不断积累的资金和日渐强化的制度的推进下，长则三百年，短则不到一百年便进入了一个物质相对富足、生活品质得到极大改进，但人居环境和资源退化、环境恶化的工业社会。生态文明时代，显然不是回到生产力低下的为温饱所困的农耕文明时代，而是富足、品质和可持续的生态繁荣社会，一个有边界和充满活力的稳态经济体系，有生态文明的制度规范，确保生态安全的国际治理构架，充分吸取工业文明的精华，摒弃工业文明的固有的弊端，开启一个生态文明的新时代。

◇ 第一节 生态繁荣

人类社会的发展是为了寻求繁荣。生态繁荣，并非是一种简单的物质型繁荣，而是一种生态型的繁荣，也意味着一种繁荣型的生态，天人合一的繁荣。

对人类社会发展演变的认知，生产力和生产关系至关重要，生产力的发展是为了获取更多的物质产出，满足人类社会发展的需要，生产关系的调整也是为了解放生产力，调整分配关系，让更多的社会成员享受发展的成果。无论是生产力还是生产关系，均是为了加速实现社会的繁荣，工业文明给人类社会带来的巨大的物质财富，正如美国经济学家罗斯托所说的，进入高额物质消费的社会，也在一定程度上实现了物质享受方面的繁荣。但我们现在看来这并不是我们想要的繁荣，它不健康，不生态，不可持续。

我们所希望的生态型的繁荣，第一是符合生态规律的。生态系统各组成部分的运行有着自身的规律，生产、消费、还原，成比例，保持平衡，如果高额消费超越生态系统的承载能力，不仅是对生态系统功能的破坏，也意味着繁荣只能昙花一现，人作为生态系统的一分子，作为一个生态学个体，也有着自身的生态平衡，吃得过多，运动不足，体内机能失调，为疾病所困扰。因而，生态循环的系统消费，并非是多多益善，这也表明，生态型的物质繁荣，并非是无限的，也并不一定要最大化。第二必须是生态友好的，为了获取物质繁荣，而破坏生态，这种繁荣不仅不可取，也不可持续。竭泽而渔，显然是一种快捷的获取物质财富的方式，但生态系统受到毁坏，所获取的繁荣也只是暂时的，这就要求物质的繁荣必须生态友善，生产消费方式需要有利于生态系统的功能发挥和运行。第三，需要有物质繁荣，生态型的繁荣不是物质最大化的繁荣，但也绝不是物质匮乏，如果社会基本物质得不到保障，也就没有繁荣可言。从这一意义上讲，工业文明的技术创新和社会激励机制，在生态繁荣的社会里，还会继续发挥效用。贫穷不是社会主义，贫穷不是生态文明。物质的富足，是生态繁荣的基本要求。第四，需要的是共同的繁荣，不是一个国家一个民族或俱乐部式的国家集团的繁荣，地球生态系统的生产力，为人类社会的繁荣提供了物质基础，生态繁荣并不排斥或排除任何国家或民族，不是零和博弈。当然，这种共同繁荣也并非是绝对平均主义，而是多样化多种形式的繁荣，地球生态系统的多样性，也就决定了生态繁荣的多样性和差异性。第五，生态繁荣不仅是物质的富足，更是精神的繁荣，应该说，物质的富足是有限的，但精神的繁荣才是人类社会进步的方向和目标，相对于物质需求的有限性，精神追求是无止境的，人类物质财富会随时间而贬值，但人类的精神财富随时间推移是不断升值的，一个没有文化和精神繁荣的社会，不是生态繁荣的社会。

生态的繁荣也意味着繁荣的生态，繁荣的生态是生态繁荣的基础和前提。所谓繁荣的生态，首先必须具有生态系统的多样性，地球的地形地貌和光热水气组合成各种不同特色的生态系统，发挥各自的功能，提供不同的产品和服务，如果我们人为地破坏甚至消灭一个自然生态系统，其特定的功能和服务也将失去。围湖造田而失去湿地生态系统，毁林开荒而破坏森林生态系统，这些引发的旱涝灾害和水土流失，就是很好的例证。不仅没能提高物质财富的生产能力和水平，反而损害了生态系统的产出功能。繁荣的生态的另一个特征是生物多样性。工业文明范式下的效用最大化，误导社会经济活动大量捕杀和获取有经济价值的动植物，而造成这些经济类动植物的消失灭绝。另一方面，对于那些不具有市场价值的动植物，随意毁坏，使地球生物多样性锐减。如果说局地的环境的破坏造成区域性的生物多样性减损，那么，气候变暖所引发的生物多样性减少，则是全球性的。缺少生物多样性，生态系统的功能也将受阻。试想，如果地球生态系统最终只剩下主宰生态系统的人类，人类还能够生存吗？繁荣的生态的第三个特征是生态系统生产力的高效和产出的高水平。自然生态系统拥有自我调节、自我生产的能力，通过绿色植物进行光合作用而进行物质生产，各种动物、微生物消耗和转化绿色植物贮存的能量，正是由于这样一种能量和物质的积累和转换过程，人类社会才能获取生态系统的产出而发展繁衍。如果没有人类社会对自然生态系统的干扰、破坏，生态系统的物质财富可以不断积累，生产力不断提高。即使工业化所依赖的化石能源，也是自然生态系统物质积累的产物，正是由于生态系统的多样性，生物种类的多样性，以及生态系统的自然生产力，才构成了繁荣的生态，形成了生态繁荣的物质基础。

生态型的物质繁荣和多样性的生态，两者之间互相依存，和谐互动，达到天人合一的繁荣，才是生态文明时代的生态繁荣。生态型的繁荣顺应自然，利用生态系统的生产力而又保护和维系了多样性的生态，而具有高生产力水平的繁荣的生态，为生态型的物质繁荣提供了保障。文化的生产和消费，精神产品的源泉，也来自于繁荣的生态。诗、词、赋、画乃至于音乐作品，均与自然生态系统的多样性和复杂性密不可分。恐龙在人类历史前就已消亡，精神文化产品中就少见，而狮、虎、象、花、鸟，在经典作品中几乎无处不在，有的甚至成为图腾。如果物质灭绝，生物多样性消失，不仅是物质财富的生产与消费，甚至是精神财富的生产消费也将难以为继。在另一方面，生态的繁荣也有利于繁荣的生态。技术进步提高自然生产力，或科学认知保护自然生产力，均有助于保护生态的多样性和提升生态系统的生产力。人类有意识的休渔、休耕、轮作、游牧，实际上是让自然生态系统休养生息，恢复生产力，对濒危动植物的保护，也是为了保护生物多样性，提升生态系统生产力和生态服务水平。天人合一的繁荣是人与自然的和谐，繁荣的生态也是生态繁荣不可或缺的基本要素。

◇ 第二节　经济稳态

在农耕文明时代，人们敬畏和顺应自然，发展经济，积累财富，但是，一场自然灾害，经济发展回到原点，周而复始；到了工业文明时代，人们改造自然，征服自然，经济持续增长，财富不断积累。但是，周期性的经济危机，经济衰退、复苏、增长、循环反复，也跳不出这一周期性的怪圈，如果说农耕文明怪圈循环多因自然因素的话，那么，工业文明的增长——衰退循环，则多归于人类自身原因，工业文明的无边界假定，造成人们无限发展的虚幻，为了增长而增长，到了一定阶段，只能是正负交替，徒费其力。工业文明之后的生态文明时代，寻求生态繁荣，而不是物质财富的无限增长，显然不是一个无限外延的经济，只能是一种品质可以不断提升但物质财富规模不会也没有必要不断扩张的稳态经济。

经济增长是物质的，而物质的消耗和积累，受制于地球空间的有限特征，因而生态文明时代的经济增长，如果仅仅从物理外延空间来看不可能是无限的，1920年代末美国经济的大萧条，凯恩斯主义的诊断是总需求不足，因而采用公共政策干预政府赤字投入基础设施建设，从而产生有效需求，刺激和保证了经济增长。但问题是，地球有限空间内的基础设施建设，不可能是无限的，在这些物理基础设施趋近于饱和，甚至超饱和的情况下，公共基础设施这些固定资产的投资空间也就有限了。2008年全球金融危机，中国政府筹集四万亿投资，许多基础设施项目得以进行，有的城市例如武汉，借助于投资刺激，一下启动十条地下轨道交通建设。无论是区域性基础设施，还是城市基础设施其建设规模不可能也没有必要无限扩张。当然，为了保持经济增长可以折腾，将这些设施在经济有效期内拆掉重建，或升级重建，但问题在于虽然刺激了增长，但物质财富积累总量并没有增加，而且有限的自然资源如化石能源、钢铁水泥等的消耗，不可更新，造成的环境污染，得不偿失。我们可以投资海水淡化、改造沙漠、生产粮食、营造城市，有投资，有需求，有增长，但无回报，无积累。即使是这样，这样的增长也不会是无限的，这些外延增长的空间，在工业文明时代就已经饱和，生态文明时代显然不构成经济增长点了。

经济增长的另一个源泉和动力是人口。在农耕文明时代，生产力低下，需要大量劳动力来抵御风险、改造自然，而且医疗卫生水平低下，人口的期望寿命短，婴儿死亡率高，因而出生率高，人口增长快。在工业文明时代，劳动生产率大为提高，人口期望寿命大幅提高，出生率大幅下降，人口出现稳中有降的局面。1980年代中国处于工业化初期，农村的计划生育采用强制手段；进入2010年代中国尚处于工业化中后期，单独二胎在农村也并不十分普遍。进入生态文明时代，人类对于自然的把控能力进一步提升，人口数量也将处于稳定甚至下降的状况，在自然界大型食肉动物如狮、虎、熊，也并没有因为它们处于食物链的顶端而无限扩大种群数量，自然界尚且如此，进入生态文明时代的人类社会，同样也不可能无限增长，事实上，进入后工业化时代的西欧、日本，人口数量已经开始下降，虽然人口数量不会增长，但人口生活质量的提升必然带来较大的增长空间。事实上，中国改革开放以来的快速经济增长，尽管有劳动力意义上的人口红利，但增长的主要因素还是生活质量的提升而并非人口数量的增加，进入生态繁荣的生态文明时代，物质财富水平得到极大提高，物质消费也处于饱和水平，以物质消费提升生活质量而对经济增长的贡献，无外乎为零甚至为负。

在生态文明时代，外延投资的增长空间受限，人口数量增长趋稳乃至下降，生活的物质消费趋于饱和，那么，此时的经济产出会如何？我们考察一下工业文明下的经济学理论，采用柯布－道格拉斯生产函数。

$$Y = AK^a L^{(1-a)}$$

其中 Y 为经济系统总产出，A 为全要素生产率，K 为资本，L 为劳动力，a 为常数。从这一函数关系可知，Y 是资本和劳动力的增函数，即只要有资本和劳动力投入增加，经济总产出 Y 就会增加，根据前面的分析，在生态文明时代人口增加为零，因而就几乎没有劳动力的增加，因而劳动力对经济体系物质产出的贡献较为有限甚至不存在。那么我们说，资本增加会对经济产出有贡献，使得经济系统的物质产出增加。从前面的分析可知，在生态繁荣的生态文明时代，人口的物质消费已经趋于饱和，资本投入得到过多的物质产出，没有市场需求，也就没有价值，不构成有效产出。因而，从物质生产和消费的意义上，生态文明时代的经济是一种稳定态的，不是一种外延扩张增长态的。

　　物质生产和消费意义上的经济稳态并不表明经济没有增长的空间，我们进一步考察柯布－道格斯生产函数，资本是可以无限增加的，劳动力即人口数量是恒定的，物质消费可以饱和，但精神消费，文化产品的消费并不必然出现饱和，相反，是会不断增加的。这就意味着资本可投入非物质产品即文化或精神产品的生产，从而扩大经济系统的总产出。当前，物质生产和消费已经饱和的发达资本主义国家的增长率大于零，这在一定程度上是一个例证，这些国家的物质产出并没有大的增加，而增加的多是第三产业，即服务业产出的增加。

　　如果物质生产和消费意义上的经济体系处于零增长或稳定状态，那么，这一经济体系对于生态系统的物质需求也就相对稳定，不会无限增长，因而生态资产的数量就不会衰减。是否有可能生态文明时代人类社会的物质消费可能超出自然生态系统的产出水平，而造成生态退化？应该说这一可能性不存在，至少可以避免，这是因为对生态系统产出的过量需求出现在工业文明的外延扩张增长时期，大规模基础设施投资需求和人口物质需求提升生活质量的叠加，造成对生态系统的巨大压力和破坏。而且，随着技术进步，生态系统产出会不断提高，而消费却趋于饱和，因而在生态文明时代，生态资产处于保值、增值状态。

◇ 第三节　转型挑战

　　走向生态文明的新时代，我们已经在努力实现从工业文明的跨越。然而，工业文明进程尚未完结，需要创新突破技术瓶颈，终止奢侈浪费性的不健康消费方式，加速发展中国家的经济增长以消除贫困陷阱，全球合作克服治理困境。

种植和养殖技术的出现使得农耕文明取代原始文明，蒸汽机技术的发明和应用推动人类社会实现文明的飞跃，突破农耕文明的局限，如何加速绿色转型进入生态文明时代，我们自然面临技术瓶颈。电磁技术和信息技术推进了工业文明的转型升级，但我们需要能源生产和消费技术的革命，这是因为工业革命的动力源泉——化石能源仍然占据社会能源消费的主体，化石能源不仅是一个不可再生的枯竭性资源，而且是环境污染，尤其是大气污染的重要原因。涉及人类长远可持续发展的应对气候变化的挑战，也来自于化石能源燃烧排放的二氧化碳，进入后工业发展阶段的成熟经济体，环境污染得到有效控制，生态资产也处于保值增值状态，人口和消费均在绿色转型，但它们所面临的最大技术困境就是低碳发展。自1990年代初明确提出减少温室气体排放到1997年达成发达国家绝对量减少排放的《京都议定书》，发达国家在减排方面做出了巨大努力，但减排的效果十分有限，对于后发的新兴经济体和经济欠发达经济体，低碳发展的压力更大。如果说工业革命的技术引领源自发达国家，那么，进入生态文明时代的低碳技术，对经济成熟的发达国家和经济成长中的发展中国家，面临的挑战是共同的，需要共同应对，突破低碳技术瓶颈。

工业文明的高额物质消费惯性是绿色转型的另一重要障碍。工业化大生产以较低成本创造了大量物质财富，使完成工业化进程的发达国家居民得以有较高的物质消费水平。这关键在于，这种消费方式和消费水平是不健康的，不可持续的，以低廉的价格消费大量高热值的脂肪、出现健康问题又大量使用处方药品；使用大排量私人汽车代步，然后又到体育场馆利用器械锻炼身体消耗过分吸取的热量。高热值脂肪、处方药品、燃油汽车、空调、运动场馆，这些都不是农耕文明可以提供的，都是工业化大生产下提供的消费品，这些高额物质消费，消耗化石能源，排放温室气体，破坏生态环境，却拉动经济增长。这种消费模式，在发达国家已经固化，难以改变。这一消费惯性，在工业化进程中的新兴经济体正在发挥作用，不断推高化石能源消费和温室气体排放水平。如果这一消费模式进一步被超过世界人口一半的欠发达国家的消费群体所效仿，将动摇生态文明转型的物质基础。如果中止这一不健康、不可持续的消费惯性，不仅需要发达国家率先垂范，也要发展中国家创新观念，寻求健康的生活方式，加速绿色转型进程。

但在另一方面，与发达国家高额物质消费惯性相对应的是欠发达国家的贫困陷阱。2000 年联合国制定千年发展目标，旨在消除发展中国家的饥荒和绝对贫困。15 年过去了，除新兴经济体的成效比较显著外，欠发达国家的贫困人口和状况并没有得到根本改观。2000 年，贫困人口多集中在农村，15 年后，发展中国家的城市化水平大幅提高，贫困人口则从农村转向城市。一方面城市具有聚集和规模效应，提供基本城市社会服务和扶贫更为便捷，但同时，城市就业岗位和资源短缺，使得城市贫困人口跳离贫困陷阱的难度更大。2012 年，联合国里约可持续发展峰会以后又启动了延续千年发展目标的全球可持续发展目标的制定进程，明确在 2030 年根除绝对贫困，实现可持续发展。2008 年全球金融危机后，发达国家经济增长乏力，绿色转型进程滞缓，新兴经济体面临跨越中等收入陷阱的压力，欠发达国家摆脱贫困陷阱，跨越工业文明而进入生态文明时代，面临着巨大的物质生产和消费障碍。

生态文明转型的一个技术性障碍是生态繁荣的指标和度量，农耕文明是一种自给自足的社会，商品经济并不发达，以物易物。工业文明以货币计量，形成成熟的发达的商品经济，国民经济核算体系以生产总值或增加值计量，采用单一指标，增长核算方法论简单易行。尽管长期以来对以金本位的国民经济核算体系有质疑，甚至批判，尤其是从可持续发展和生态保护视角，但人们还是试图用货币来计量生态损失和生态资产，造成对生态系统价值的误读误判。那么，生态文明时代的生态繁荣，是货币度量的，还是实物度量的，抑或是多指标度量的？中国提出要尝试编制自然资源资产负债表,而资产负债表是公司经营活动的会计报表,用市场价格衡量,显然不能简单套用金融或财务属性的资产负债表。因而,生态繁荣计量方法的突破,对于生态文明建设和生态文明转型具有根本性的意义。

治理困境是生态文明转型的体制性障碍。在全球层面,一方面我们没有一个世界政府,难以将生态文明的体制机制、规章标准强加于主权国家,使生态文明范式难以得到有效落实;另一方面,全球治理的话语体系和话语权力又集中于少数发达国家,这些国家以俱乐部的方式排斥其他国家维护自身利益,忽略全球可持续发展的实际需要。联合国是一个很好的话语平台,但不是每一个话语者都享有同样的话语地位。联合国千年发展目标是全球政治共识,但名至而实不至,缺乏落实机制。全球气候变化的谈判,全球可持续发展目标的制定,应该说都是参与性的,但绿色转型的实践,缺乏统一的标准和具体的措施。在国家层面,尽管有权威的政府,但生态文明转型的治理也面临挑战,政府是任期制,多具有短期行为;政府多部门多地区存在条块分割、利益冲突、协调困难,而且各利益主体对生态文明体制机制的诉求也存在差异,消费者行为的改变也存在制度约束的困难。

◇ 第四节 实践探索

生态文明作为一种社会文明形态,是人类社会发展的必然方向,相对于从农耕文明向工业文明的转型跨越,从工业文明向生态文明的转型挑战更为严峻,时间更漫长。中国的生态文明建设,寻求主动转型,对发达国家和其他发展中国家的绿色发展与转型,具有重大的借鉴意义。

进入经济稳态的生态繁荣时代,许多社会要素的转型是一个自然进程,但社会选择和政策导向可以加速这一过程。农耕文明只能服从马尔萨斯人口原理的魔咒，工业文明破除了人口爆炸的神话，早期工业化国家并没有人为限制人口增长，进入后工业化阶段，发达国家的人口总和生育率下降，低出生率、低死亡率使得人口自然地终止了增长，以至于当前许多国家出台优惠政策鼓励生育，但效果并不明显，这一过程在欧洲经历了数百年，在日本经历了 60 年，中国在资金技术缺乏的情况下启动快速工业化进程，1980 年代初启动的强有力的人口干预政策，使得人口在短短 30 年间得到控制，使物质财富的积累和消费水平快速攀升，为向生态文明时代的社会转型打下坚实的基础，中国 30 年的计划生育政策，减少了人口增长速度，降低了人口扩张的总体规模，使得马尔萨斯魔咒失灵。如果没有计划生育政策，中国人口可能已达 16 亿—18 亿，这避免出生的 3 亿—5 亿人口，不仅减少了资源环境压力，而且对加速社会文明转型起到了极大的推动作用，对于其他的发展中国家，人口增长还处于较高水平。如果采用发达国家人口转型的自然进程，时间长，进程缓，资源压力大，因而存在巨大的不确定性。中国积极的负责任的有远见的计划生育政策，在执行的初期受到许多质疑甚至批判，遇到许多阻力和困难。但时至今日，中国放开单独二胎政策，人们的生育意愿发生了改变，人口转型态势已趋进入后工业化阶段的发达国家状态。从城镇化进程看，发达国家经历了城市化、逆城市化使得社会的服务更好，资源利用节约效率更高，更有利于向生态文明社会的转型。中国城镇化自改革开放后快速发展，我们不会走发达国家的老路，在工业化后期经历逆城市化进程，而且稳步推进城镇化，更大地发挥城市的规模和聚集效应，提高资源效率，减少环境破坏压力，保护和增加生态资产。

任何文明均鼓励创新，但创新的技术选择不同，技术路线有两条：一是常规性技术包括提高效率、减少消耗，降低成本开发利用边际资源；二是革命性技术，用可持续的资源替代，消除对不可持续资源的依赖。从工业化国家技术创新的路线看，侧重于常规性技术研发与利用，这也与工业文明的效用最大化的价值选择相关。在能源技术选择上发达国家在常规技术研发上投入了大量精力，提高能源利用效率，开发利用边际资源，人们通过技术手段试图将能源效率提高 2 倍、4 倍，甚至 8 倍。美国为了减少对常规化石能源进口的依赖，开发边际状况的页岩气资源，带来化石能源领域的页岩气革命。但这样一种技术选择，一是存在"反弹效应"，抵消技术效率提高对资源的节约。二是边际资源也是有限的，页岩气也是不可再生资源，即使其开采不构成环境威胁，但资源量会因开采消费而减少乃至枯竭。发达国家也在研发革命性技术，包括风能、太阳能、生物质能，但在工业文明理念"利润最大化"的市场经济条件下，这些革命性的技术进展缓慢。如果说发达国家的技术发展主要是靠技术升级路线的话，中国则采用了技术升级和技术革命双轨并行的路线。一方面，中国依赖化石能源提升效率，汽车燃油效率、火电转换效率、建筑节能效率、制造业例如钢铁水泥节能效率，在快速工业化进程中迅速跃居世界前列，而且勘探海上油气田，开发利用劣质煤，拓展边际资源的利用。另一方面，中国不断加大可再生资源的开发利用力度。如果说中国在 2000 年前开发水电资源、农村沼气资源是为了弥补化石能源资源短缺的话，那么，进入 21 世纪，中国对风、光、生物质能等可再生能源的大规模投入和利用，则是一种主动的能源革命性转型的努力。进入 2010 年代以来，中国的风电装机、光伏装机，迅速超越发达国家的水平和规模，引领世界能源生产和消费革命，中国能源技术转型，已从倚重于常规技术升级轨道转向侧重于革命性技术突破轨道。化石能源是工业文明的动力基础，生态文明必须要依靠可再生能源，中国能源技术创新，正在强有力的推进生态文明建设进程。对于其他发展中国家，如果走工业文明下化石能源的老路，因存在资源枯竭、环境污染、二氧化碳减排难的现实困难，而走不通。与其努力尝试而走不通，还不如借鉴中国生态文明建设实践经验，开发利用可再生能源技术。

社会文明形态的转型，还需要体制机制和制度创新，发达国家在工业化进程中饱受工业文明弊端的困扰，成立了环境保护机构，颁布了环境保护法规和标准，做了许多制度创新的尝试。这些制度模式大多已被包括中国在内的发展中国家采用，取得了一定效果，但并不能确保可持续发展的需要和加速生态文明转型。显然，我们需要进一步的制度创新。中国 2000 年代初提出生态文明建设，在深化对工业文明的反思和探索生态文明新路方面，起到了积极作用，但并没有体制机制方面的制度创新。进入 2010 年代，中国政府系统提出了生态文明制度创新的构想，提出实行最严格的源头保护制度、损害赔偿制度、责任追究制度，完善环境治理和生态修复制度，用制度保护生态环境。包括健全自然资源资产产权制度和用途管制制度；划定生态保护红线，探索编制自然资源资产负债表，对领导干部实行自然资源资产离任审计。建立生态环境损害责任终身追究制；实行资源有偿使用制度和生态补偿制度；改革生态环境保护管理体制。

这些新的构想，有的是对工业文明制度体系的要素的利用和深化，例如自然资源产权制度和用途管制制度，有的则是生态文明建设的新的制度安排，例如生态红线制度和生态补偿制度，有的则还需要进一步探索才可能得以实施，例如编制自然资源资产负债表。工业文明的制度构架也是在农耕文明制度体系上经过较长时间逐步建立并完善起来的，我们不能期望生态文明的制度创新能够一蹴而就。关键是要探索实践，改变思路，发达的资本主义国家在经济趋于饱和而出现周期性经济危机时，采用的是以邻为壑的竞争思维，通过货币的量化宽松，贸易壁垒政策转嫁危机，维护自身利益的最大化，中国在应对 2008 年世界金融危机中也采用了发达国家惯用的扩大投资政策，事实证明这一政策并不完全有利于生态文明转型。在国民经济和社会发展的第十三个五年（2016—2020 年）规划期，仍然存在高速经济增长的预期，但生态文明建设的实践、人口和经济发展的实际情况，以及生态文明制度创新中关于生态红线，生态补偿等安排的实施，让我们认识到，中国经济正在进入一种新常态：人口趋近于零增长，劳动力供给趋于短缺，人口老龄化，经济增速大幅放缓，社会物质财富水平处于较高水平，生态环境总体趋于改善，也就是说，中国不会采用发达国家转嫁经济危机的方式，而且认同并把控经济的新常态，推进文明转型。

参考文献

Lee, Bernice, et al. , *Resources futures*, London: Chatham House, Vol. 14, 2012.

Billiton BHP, "Steelmaking materials briefing", presentation by Marcus Randolph, 30 September, 2011.

Boulding, Kennith E. , "The Economics of the coming spaceship Earth", *Environmental Quality in a Growing Economy*, Ed. Henry Jarrett, Baltimore: The Johns Hopkins Press, 1966.

BP (British Petroleum), BP Statistical Review of World Energy 2012, June 2012 < http: //www. bp. com/content/dam/bp/pdf/Statistical-Review – 2012/statistical_ review_ of_ world_ energy_ 2012. pdf >.

Cairncross, A. , "What is deindustrialisation?" *Deindustrialisation*, Ed. Blackaby, F. , London: Pergamon, 1982.

Chang, Gordan, *The Coming Collapse of China*, New York: Random House, 2001.

Chin, Lawrence, *"Public Housing Governance in Singapore: Current Issues and Challenges"*, 2004 < http: //www. housingauthority. gov. hk/hdw/ihc/pdf/phgslc. pdf >.

Costanza, Robert, "Embodied energy and economic valuation", *Science*, 210. 4475 (1980): 1219 – 1224.

Daly, Herman E. , and Kenneth Neal Townsend, *Valuing the earth: economics, e-*

cology, *ethics*, MIT press, 1996.

Daly, Herman E., ed, *Economics, ecology, ethics: Essays toward a steady-state e-conomy*, San Francisco: WH Freeman, 1980.

Daly, H. E., *Steady-State Economics*, 2nd edition, Washington D. C.: Island Press, 1991.

Daly, Herman E., "Allocation, distribution, and scale: towards an economics that is efficient, just, and sustainable", *Ecological Economics*, 6. 3 (1992): 185 – 193.

Diamond, Jared, *Collapse: How Societies Choose to Fail or Succeed*, New York: Penguin Books, 2005, ISBN 0 – 14 – 303655 – 6.

Dinan, Desmond, ed., *Origins and evolution of the European Union*, Oxford University Press, 2014.

Duchin, Faye, "Industrial input-output analysis: implications for industrial ecology", *Proceedings of the National Academy of Sciences*, 89. 3 (1992): 851 – 855.

Duncan, Richard C., "The Olduvai theory: energy, population and industrial civilization", *The Social Contract*, 16. 2 (2005): 6.

EEC, Commission Regulation (EEC) No 1272/88 of 29 April 1988 laying down detailed rules for applying the set-aside incentive scheme for arable land, EUR-Lex. European Commission, 29 April 1988.

Assessment, Global Energy, "Global Energy Assessment, Toward a Sustainable Future", *Cambridge, UK, and Laxenburg, Austria: Cambridge University Press and the International Institute for Applied Systems Analysis* (2012).

Georgescu-Roegen, Nicholas, "Energy analysis and economic valuation", *Southern Economic Journal* (1979): 1023 – 1058.

Greer, Diane, "Energy efficiency and biogas generation at wastewater plants", *Biocycle*, 53. 7 (2012): 37 – 41.

Hoogeveen, Jippe, Jean - Marc Faurès, and Nick Van de Giessen, "Increased biofuel production in the coming decade: to what extent will it affect global fresh-water resources?" *Irrigation and Drainage*, 58. S1 (2009): S148 – S160.

Krishnan, Rajaram, Jonathan Harris, and Neva R. Goodwin, eds. , *A survey of ecological economics*, Vol. 1, Washington D. C. : Island Press, 1995.

Leiss, William, *Domination of nature*, McGill-Queen's Press-MQUP, 1994.

Leiss, William, *Limits to Satisfaction: an essay on the problem of needs and commodities*, McGill-Queen's Press-MQUP, 1988.

Lennon, J. , "Base metals outlook: Drivers onthe supply and demand side", presentation, February2012, Macquarie Commodities Research, 2012, < http: //www. macquarie. com/dafi les/Internet/mgl/msg/ iConference/ documents/18_ JimLennon_ Presentation. pdf. >.

Meadows, Donella H. , et al. , *The Limits to Growth*, New York: Universe Books, 1972.

Mill, J. S. , *Principles of Political Economy*, John W. Parker, London, Vol. II, 1857.

Molden, David, et al. , "Improving agricultural water productivity: between optimism and caution", *Agricultural Water Management* , 97. 4 (2010): 528 – 535.

Morrison, Roy, *Ecological democracy*, Vol. 4, Boston, MA: South End Press, 1995.

Odum, Howard T. , and Elisabeth C. Odum, *Energy Basis for Man and Nature*, New York: McGraw-Hill, 1976.

Pitelis, Christos, and Nicholas Antonakis, "Manufacturing and competitiveness: the case of Greece", *Journal of economic studies*, 30. 5 (2003): 535 – 547.

Rawls, John, *A Theory of Justice*, Oxford: Oxford University Press, 1972.

Rees, William E. , "Ecological footprints and appropriated carrying capacity: what urban economics leaves out", *Environment and urbanization*, 4.2 (1992): 121 – 130.

Rowe, Stan J., "Ecocentrism: The chord that harmonizes humans and earth", *The Trumpeter*, 11.2 (1994): 106 – 107.

Russell, Bertrand., *The prospects of industrial civilization.* London and New York: Routledge, 2009.

Schwarzenbeck, N., W. Pfeiffer, and E. Bomball, Can a wastewater treatment plant be a powerplant? A case study, *Water science and technology*, 2008, 57 (10): 1555 – 1561.

SEI, "Understanding the Nexus, background paper prepared for Bonn conference on Water, Energy and Food Security Nexus: solutions for the green economy", 16 – 18 Nov. 2011.

Sen, Amartya, *Development as freedom* (2nd ed.), New York: Oxford University Press, 2001.

Slesser, M., "Towards an Exact Human Ecology", *Towards a More Exact Human Ecology*, Ed. P. J. Grubb and J. B. Whittaker, Massachusetts: Cambridge and Oxford England: Blackwell Books, 1989.

Soltau, Friedrich, *Fairness in International Climate Change Law and Policy*, New York: Cambridge University Press, 2009.

Subramanian, Arvind:《保护开放的全球经济体系: 为中国和美国设计的战略蓝图》,《美国 Peterson 国际经济研究所政策简报》, 第 13—16 页。见《浦东美国经济通讯》第 13 期（总第 347 期）, 2013 年 7 月 15 日。

Wayne M. Morrison, "China's Economic Rise: History, Trends, Challenges, and Implications for the United States", Congressional Research Service, February 3, 2014; Wayne M. Morrison:《中国的经济崛起: 历史、趋势、挑战和对美国的影响》。美国国会研究署, 2013 年 7 月。见《浦东美国经济

通讯》第 16 期（总第 350 期），2013 年 8 月 30 日。

UN Commission on Global Governance, *Our Global Neigbourhood*, New York: Oxford University Press, 1992.

UN, *Proposed Sustainable Development Goals*, UN Open Working Group, 2014.

United Nations, Department of Economic and Social Affairs, Population Division, *World Population Prospects*, 2011.

WCED（World Commission on Environment and Development）, *Our Common Future*, Oxford: Oxford University Press, 1987.

Wong Tai-Chee and Xavier Guillot, *A Roof Over Every Head: Singapore's Housing Policy between State Monopoly and Privatization*, IRASEC-Sampark, 2004, 256pp. ISBN: 81 – 7768 – 099 – 9.

World Bank, World Development Indicators, http: // data. worldbank. org/data-catalog.

World Steel Association, http: //www. worldsteel. org/zh/media-centre/press-re-leases/ .

Ye, Qianji, "Ways of Training Individual Ecological Civilization under Nature Social Conditions", *Scientific Communism*, 2nd issue, Moscow, 1984.

2050 年中国能源和碳排放研究课题组：《2050 年中国能源和碳排放报告》，科学出版社 2009 年版。

白泉、朱跃中、熊华文、田智宇：《中国 2050 年经济社会发展情景》，载课题组《2050 年中国能源和碳排放报告》，科学出版社 2009 年版。

编辑部：《国外大气污染防治的区域协调机制》，《环境保护》2010 年第 9 期。

蔡昉：《破解中国经济发展之谜》，中国社会科学出版社 2014 年版。

陈佳贵、黄群慧、吕铁、李晓华：《中国工业化进程报告（1995—2010）》，社会科学文献出版社 2012 年版。

陈瑞清：《建设社会主义生态文明实现可持续发展》，《内蒙古统战理论研究》2007 年第 2 期。

陈宗兴、朱光耀：《生态文明建设》，学习出版社 2014 年版。

丹特、哈瑞：《人口峭壁》，萧潇译，中信出版社 2014 年版。

邓集文：《建设生态文明需要改革我国环保管理体制》，《生态经济》2008 年第 6 期。

第二次气候变化国家评估报告编写委员会：《第二次气候变化国家评估报告》，科学出版 2011 年版。

方创琳：《中国城镇化发展报告》，科学出版社 2014 年版。

封志明、唐焰、杨艳昭、张丹：《基于 GIS 的中国人居环境指数模型的建立与应用》，《地理学报》2008 年第 12 期。

龚占江：《环境保护管理体制问题研究》，《商品与质量》2013 年第 1 期。

郭永然：《我国环境保护管理体制问题及对策》，《中国化工贸易》2012 年第 6 期。

国家环保部：《环境保护部通报 2011 年度全国主要污染物减排情况》，2012 年 9 月 7 日，http：//www. mep. gov. cn/gkml/hbb/qt/201209/t201209 07_ 235881. htm。

国家环保部：《2010 年环境统计年报》，http：//zls. mep. gov. cn/hjtj/nb/2010tjnb/201201/t20120118_ 222728. htm。

国家环保部环境规划院：《"十二五"重点区域大气污染联防联控规划编制指南（送审稿）》，http：//www. caep. org. cn/air/DownLoad. aspx。

国家环保部：《环境保护部部门预算 2013》，中华人民共和国环境保护部网站，http：//www. mep. gov. cn/zwgk/czzj/，最后访问日期：2014 年 5 月 23 日。

国家环保部：《中国环境状况公报 2013》，http：//jcs. mep. gov. cn/hjzl/zkgb/。

国家环保部：《2010 年环境统计年报》，http：//zls. mep. gov. cn/hjt j/nb/
2010tjnb/201201/t20120118＿ 222729. htm。

国家环保部：《2000—2012 年各地区排污费征收情况表》，http：//hjj. mep.
gov. cn/pwsf/gzdt/201312/P020131203550138828737. pdf，最后访问日期：
2014 年 5 月 23 日。

国家农业部：《全国农村沼气工程建设规划，2005—2020》http：//www.
moa. gov. cn/zwllm/tzgg/tz/200704/t20070418＿ 805366. htm。

国家统计局：《中国统计年鉴 2011》，中国统计出版社 2011 年版。

国家统计局：《2013 国民经济和社会发展统计公报》，2014 年 2 月 24 日，
http：//www. stats. gov. cn/tjsj/zxfb/201402/t20140224＿ 514970. html。

国家统计局：《2013 国民经济和社会发展统计公报》，2015 年 2 月 26 日，
http：//www. stats. gov. cn/tjsj/zxfb/201502/t20150226＿ 685799. html。

国务院：《关于印发全国主体功能区规划的通知》（国发〔2010〕46 号），
2010 年 12 月 21 日。

国务院：《国家新型城镇化规划 2014—2020》，2014 年 3 月，http：//www.
gov. cn/gongbao/content/2014/content＿ 2644805. htm。

国务院：《国务院关于编制全国主体功能区规划的意见》（国发〔2007〕21
号）。

胡保林：《对我国环保行政管理体制改革问题的思考》，《中国环境管理》
1997 年第 6 期。

胡焕庸：《中国人口之分布》，《地理学报》1935 年第 2 卷。

胡锦涛：《在中国共产党第十八次全国代表大会上的报告》，人民出版社
2012 年版。

胡仙芝、喻云何：《深思：我国传统环保管理体制面临的挑战》，《经济》
2012 年第 7 期。

黄锦楼、陈琴、许连煌：《人工湿地在应用中存在的问题及解决措施》，《环

境科学》2013 年 1 期。

黄军荣：《新公共管理理论对环保管理体制改革的启示》，《传承》2012 年第 24 期。

黄群慧：《新常态下我国经济形势与挑战》，中国社会科学院工业经济研究所 2014 年版。

黄顺基、刘宗超：《生态文明观与中国的可持续发展》，《中外科技政策与管理》1994 年第 9 期。

姜明、李芳谨：《农村环保管理体制的创新对策》，《环境保护》2010 年第 6 期。

康宇：《儒释道生态伦理思想比较》，《天津社会科学》2009 年第 2 期。

蓝建中：《日本如何让农民变市民》，《参考消息》2013 年 4 月 24 日第 11 版。

李红卫：《生态文明——人类文明发展的必由之路》，《社会主义研究》2006 年第 6 期。

李善同、刘云中：《2030 年的中国经济》，经济科学出版社 2011 年版。

林毅夫：《2030 年中国超越美国》，《南方周末》2005 年 2 月 1 日。

刘洁岭、蒋文举：《城市污水处理厂能耗分析及节能措施》，《绿色科技》2012 年第 11 期。

刘湘溶：《经济发展方式的生态化与我国的生态文明建设》，《南京社会科学》2009 年第 6 期。

逯元堂、陈鹏、吴舜泽、朱建华：《明确"十二五"环境保护投资需求保障环境保护目标实现》，《环境保护》2012 年第 8 期。

逯元堂、吴舜泽、陈鹏、朱建华：《"十一五"环境保护投资评估》，《中国人口·资源与环境》2012 年第 10 期。

路阳、王言：《浅析我国电子垃圾的现状与治理对策》，《环境卫生工程》2012 年第 4 期。

W. 罗斯托：《经济成长的阶段》，郭熙保、王松茂译，中国社会科学出版社 2001 年版。

宁夏发改委：《宁夏"十二五"中南部地区生态移民规划》，2011 年 10 月。

潘家华、郑艳、薄旭：《拉响新警报：气候移民》，《世界知识》2011 年第 9 期。

丘宝剑：《全国农业综合自然区划的一个方案》，《河南大学学报》（自然科学版）1986 年第 1 期。

任俊华：《论儒道佛生态伦理思想》，《湖南社会科学》2008 年第 6 期。

时宏远：《印孟关系中的非法移民问题》，《南亚研究》2011 年第 4 期。

世界银行：《2030 年的中国：建设现代、和谐、有创造力的高收入社会》，世界银行、国务院发展研究中心 2013 年版。

世界银行、国务院发展研究中心联合课题组：《2030 年的中国：建设现代、和谐、有创造力的高收入社会》，2011 年。

世界自然基金会：《中国生态足迹报告 2012》，2012 年。

王梦奎：《中国中长期发展的重要问题 2006—2020》，中国发展出版社 2006 年版。

王圣云、马仁锋、沈玉芳：《中国区域发展范式转向与主体功能区规划理论响应》，《地域研究与开发》2012 年 12 月 10 日。

王治河：《中国和谐主义与后现代生态文明的建构》，《马克思主义与现实》2007 年第 6 期。

魏一鸣、吴刚、梁巧梅、廖华：《中国能源报告（2012）：能源安全研究》，科学出版社 2012 年版。

向青：《美国环保休耕计划的做法与经验》，《林业经济》2006 年第 1 期。

熊春锦：《龙文化的文明与教育》，团结出版社 2010 年版。

许崇正、焦未然：《建设生态文明、发展循环经济与人的发展》，《改革与战略》2009 年第 10 期。

杨凌波、曾思育、鞠宇平、何苗、陈吉宁：《我国城市污水处理厂能耗规律的统计分析与定量识别》，《给水排水》2008 年第 10 期。

英国石油公司：《BP 世界能源统计年鉴》，2014 年。

俞可平：《科学发展观与生态文明》，《马克思主义与现实》2005 年第 4 期。

俞可平：《治理与善治》，社会科学文献出版社 2000 年版。

余谋昌：《生态文明是人类的第四文明》，《绿叶》2006 年第 11 期。

张凯：《发展循环经济是迈向生态文明的必由之路》，《环境保护》2003 年第 5 期。

张敏：《论生态文明及其当代价值》，博士学位论文，中共中央党校研究生院，2008 年。

张培刚：《农业与工业化》，美国哈佛大学出版社 1949 年英文版初版，1969 年再版；华中工学院出版社 1984 年中文版初版，1988 年再版。

张闻豪：《城市污水处理厂节能措施与优化运行技术研究》，博士学位论文，太原理工大学，2012 年。

《李克强："十二五"期间中国环保投入将超 5 万亿》，《中国日报》2012 年 5 月 4 日。

中国与全球化研究中心：《中国留学发展报告》，2012 年。

赵建军：《建设生态文明是时代的要求》，《光明日报》2007 年 8 月 7 日。

周凤起、王庆一：《中国能源五十年》，中国电力出版社 2002 年版。

索　引

阿玛蒂亚·森　187

饱和　3，60，62，73，166—172，
　182，188，224—226，232

比较利益　107，211

边沁　50

承载能力　1，3，4，6—8，16，
　17，20，21，27，28，30—33，
　42，62，74，84，87，90，91，
　93，107，108，110，111，120，
　121，137，168，172－174，184，
　185，202，206，221

城市病　87，88，93，96，104—
　106，109

城镇化　1—4，8，29，31，33，
　34，53，54，67，78，84—92，
　97—101，103—107，113，120，
　122，131，151，157，201，203，
　205，207，209，216，230

达尔文　50

道德经　40

低碳经济　46，47，90

二氧化碳排放　28，70，78，80，
　81，86，136，144，203，210

二元结构　101，176

发展边界　87，106，110，113

发展范式　34，39，40，44，46，
　48—52，57，62，84，87，121，
　138，141，143，145，146，148，
　152，158，167，168

反弹效应　61，150，164，231

反效用　189—193

非化石能源　78，81—83，140，156

峰值　29，62，70—73，155，162，
　168，174

负效用　188—193

耕地红线　7，107，200

工业革命 3，34，35，46，47，50，53，57，60，93，138，145—149，152，155，166，169，227

工业化 1—4，29—31，33—35，38，40，42，44，48—50，52—54，57，89，94，96，100，103，105，107，118，120，121，131，136，138，139，142，144，145，148，153，155，157，163，168—170，172—174，179，185，186，201，203，205，207，216，222，224，225，227，229—231，247

工业化阶段 2，53，54，57，59，63—68，142，144，148，229，230

工业文明 1，3，4，8，19，20，26，27，31，32，34—42，46—54，57，76，84，105，106，108，129，138，143，145，149，158，166—169，172，173，177，178，181，182，185，186，188，190，191，194，200，204，212，213，215，216，220—232

公众参与 91，96，217

功利主义 3，4，48—51

胡焕庸线 2，8—12

户籍 85，97，98，100，102，104，112，161，176，207

化学需氧量 15，77，152，195

环境容量 6，7，13—16，19，22，27，31，61—63，68，76，88，91，92，107，108，114，189，190，198，200，203，204

计划生育 224，230

技术进步 14，16，19，60，64，70，150，162，163，173，178，223，226

季羡林 41

寂静的春天 35，40

剪刀差 100，126

京津冀 68，75，78，87，113，196，199

静态经济 35，36

均衡配置 108—111

凯恩斯主义 224

科布－道格拉斯生产函数 225

科学发展 37，46，88，113，195

科学规划 91，105，106，108

可持续发展目标 52，116，147，228，229

可持续消费　177，185

可再生能源　1，3，4，32，51，55，63，73，74，89，95，96，138—140，142，144，146—150，153—157，185，206，231

老子　40，41

雷切尔·卡逊　35

理性消费　51，56，177，181，190

量化宽松　169，232

罗马俱乐部　46，47

罗素　37

绿色经济　46，47

绿色转型　4—6，52，54，208，220，227—229

马尔萨斯陷阱　167

美丽中国　1，2，27，29，32，33，98，100，103，219

木桶效应　127

能源安全　3，55，61，63，85，86，94，115，117—119，127，128，144，148，156，157，217

能源革命　145—148，150，151，231

能源转型　51，138，148，153—155

农耕文明　10，40，41，43，49，177，191，194，220，223，224，227—229，232

农业文明　3，34，46—48，51，84，138，166，167，186

农业转移人口　85，88，97—101，103—105，107，161，172，207

排污权交易　207，213，219

贫困陷阱　26，226，228

期望寿命　36，179，180，187，188，224

气候容量　2，6，13—17，19—24，26，27，31，33，88，91，108，118，119

气候移民　6，21—26，118，119，131

千年发展目标　115，116，228，229

区位优势　105，160，209，211

人口爆炸　165，167，168，229

三重约束　162

社会达尔文主义　50

生态安全　4，12，27，30，32，33，53，55，118，119，121，131—135，200，201，204，209，217—220

生态补偿　4，25，51，55，56，110，192，197，205—209，211，217，219，232

生态繁荣　220—223，225，228，229

生态服务付费 25

生态公正 3，43，44，46，50，55，56，182，184，185，192

生态红线 4，51，107，108，110，114，132，197，200，202—204，232

生态伦理 38，45，56

生态马克思主义 37—39

生态容量 6，10，14，19，21，27，88，92，114

生态社会主义 37，38，52

生态退耕 123

生态危机 37，38，209

生态文明（界定，内涵，定位）6，13，27—30，32，34，40—51，53—57，62，64，67，69，89，90，100，104—108，110，111，114，129，131，132，138，145，146，148，149，153，156—158，164，165，172，173，177，178，182，186，190，194，195，215—221，223—232

生态移民 6，20，21，23—26，207

生态增长 171—173，176

生态治理 211，214

生态资产 173，184，205，207，226—228，230

生态足迹 7，19，27—29，32

世界工厂 1

市民化 62，85，88，89，97—102，104，105，207

水安全 3，17，115，117，133，217

睡城 95，108

顺应自然 6，13，27，29—33，41，43，108，110，111，120，121，129，153，158，173，184，223

天人合一 2，4，34，41—45，105，163，220，222，223

外部性 25，128，189，197—199

文明转型 64，84，90，149，230，232，233

稳态经济 3，36，38，158，173，176，220，224

污染避风港 69

无知之幕 100，183，184

五位一体 45

物欲消费 179，180，182，185—191

物种起源 50

雾霾 42，64，75，76，86，106，

136, 141, 144, 163, 174, 189, 196, 198, 199, 202—204

协同发展 68, 113

新常态 162, 232, 233

新型城镇化 97, 104—106, 108, 110

休谟 50

循环经济 46, 47, 55, 73, 80, 96, 194, 216

衍生容量 14, 15, 17, 19, 20

燕郊镇 111—113

叶谦吉 40

以人为本 88, 105, 173

易经 39

宇宙飞船经济 8, 36

约束指标 195

增长的极限 40

长三角 11, 53, 75, 78, 87, 92

沼气 81, 142, 150, 153, 156, 157, 231

真实增长 172

正效用 188—190, 192

政府购买 217

制度创新 194, 205, 215, 231, 232

主体功能区 12, 121, 122, 200

转型发展 89, 90

资源关联 114—120, 127, 128, 164

资源消费的累进税 96, 193

自然约束 163

自然资源资产负债表 228, 232

尊重自然 30—32, 41, 43—45, 48, 105, 108, 111, 151, 172, 173, 177, 178, 181, 182, 184, 190, 200, 204

后　记

中国生态文明转型，是一个庞大的涉及社会经济各个方面的系统工程。对于这一重大的学术性、战略性、现实性的课题，需要从理论与实践层面展开深入研究。作为国家人文社会科学的研究机构，我们长期关注并系统开展了相关研究工作，也得到了国内外许多部门的支持，包括国家自然科学基金、国家社会科学基金、国家科技部科技支撑、973 计划、国家财政专项、中国社会科学院哲学社会创新工程、国家发改委、国家环境保护部、国家工业与信息部、中国气象局以及地方政府、英国海外发展基金、瑞士国际发展署、美国能源基金会、联合国政府间气候变化专门委员会基金、中国香港中华能源基金委员会等部门和机构，他们对课题研究、问题调研和学术交流给予了资助。

更为重要的，是我的研究团队的同事和学生，他们参与课题研究，贡献学术思想，撰写研究报告，分析研究素材，做了大量积极工作，包括陈洪波、陈迎、朱守先、庄贵阳、梁本凡、李庆、王谋、郑艳、李萌、刘哲、刘长松、刘昌义、谢欣露、周亚敏、王苒等。他们不仅是科研团队的普通成员，他们也是合作者，以共同作者或独立作者的方式，撰写和发表了相应的研究报告和论文。本书中关于气候容量、生态文明定位、工业化进程、燕郊案例、生态制度创新的内容，部分基于合作研究的素材或成果。

除研究团队外，还有一个高效负责的支撑团队，支持本书的撰写和整理，他们包括何丽、彭沛燃、郝伟静、熊健滨、薛苏鹏等。尤其要提及的是，我年逾八旬的母亲对我工作的理解和支持，我兄、弟、妹对母亲的照顾和对我少有时间探望、照看母亲的宽容，还有我夫人杜亚平默默承担照应一切生活事务的奉献，以及我女儿对我在工作和时间上的理解和支持。

在此，谨对支持本书有关内容研究的国内外机构和部门、研究团队的资深和年青科研合作成员、支撑辅助人员和家人表示衷心的感谢。